有趣的活题，炫酷的活动、职场大师，新**潮**的UI新玩法，世界那么大，就怕你不敢

Ps

Ai

Ae

RP Mc

UI巴士

新锐设计师学习互动平台

U0304533

Our teacher team

蓝桥软件学院　　UI巴士　　老司机团队

UI 讲师
于洪军

二十几年的设计工作经验和多年讲师经验多个互联网公司做平面，网页，动画，UI设计，APP，iOS，安卓移动端都有丰富的经验，多款项目产品上线。授课风格幽默，课堂气氛活跃，情境教学，深受学生喜欢
...

UI 讲师
王殿峰

毕业于美术设计教育专业，传统美学绘画、视觉设计、技术前端设计十余年、设计工作平面、VI、Web、APP等诸多跨平台媒体的设计开发，对视觉设计有自己来独特的角度和审美方式，多年工作教学经验
...

UI 讲师
贾凤波

十余年的互联网项目设计经验；互联网平台的运营管理工作，具有丰富的经验；成功为百余家企业互联网平台的搭建运营管理及维护工作。具备产品设计项目管理理念、战略制定与实施能力

UI 讲师
许 言

多年Ui工作经验，多个成功APP上线案例，大学在美国俄勒冈大学英国格拉斯哥大学交换学习，早年在台湾作平面设计指导，曾就业与加拿大PDG公司，不拘泥于传统的教学，独特的教学沟通方式，中西结合的授课模式...

UI 讲师
刘 哲

高级UI设计师，高级用户体验设计师，经验丰富，思路独特，知名团队受过侮辱，当过程序猿，做过产品狗。懂产品，懂交互，懂UXD，懂WEB前端开发，7年以上手绘经验，熟悉各种平台规范
...

PM 讲师
孙长山

拥有多年互联网产品经验，金牌产品经理导师，学员遍布国内知名互联网企业产品团队，授课过程常常以学员的视角看待问题，想学员之所想；以专业的知识剖析问题，急学员之所急；以企业的需求解决问题
...

PM 讲师
郝瑞琪

国内资深产品实战专家，品牌管理专家，百度SEM认证专家，多年互联网实战经验，具有丰富互联网产品经验，涵盖产品策划、产品运营、数据分析、用户研究等多方面。多家互联网公司产品解决方案顾问
...

UI 讲师
刘晨朝

多年UI设计经验，全能型设计师，交互设计、UI设计、都有丰富的实战经验。曾就职于INVES设计工作室，服务过上百家企业。曾创业O2O项目白楼快送，负责全程的UI设计和产品运营。善于因材施教
...

第1现场

还原互联网公司工作现场的系列图书

UI

设计

跟我学

蓝桥软件学院/著 张希晗、刘晨朝、王殿峰、于洪军、贾凤波/执笔

电子工业出版社

Publishing House of Electronics Industry

北京·BEIJING

内容简介

本书内容涵盖交互设计与界面设计的基本概念、设计规范和工作流程。由于这是一本展示实际工作案例和工作经验为主的书，一开始着力介绍目前最新发展的交互手段和使用场所，当然以移动手持设备为主。作为设计师，一定要关心如何将这些创意产品化。接下来介绍如何正确地将一个设计想法变成产品。在产品化的过程中，用户体验设计是相当重要的，由于UCD设计思想的广泛使用，本书重点研究并分析用户体验设计的可行性和方法。视觉设计是普通大众直接接触产品设计核心的介质，本书将使用初级→高级→复合型的综合设计案例介绍如何设计出让人喜爱的视觉作品。最后，还说明了一些产品的完整设计案例，展示一个移动手持设备交互和界面设计的全过程。

本书可为移动UI设计师迅速进入职场角色提供帮助。

未经许可，不得以任何方式复制或抄袭本书之部分或全部内容。

版权所有，侵权必究。

图书在版编目（CIP）数据

UI设计跟我学 / 蓝桥软件学院著 . — 北京：电子工业出版社，2017.3

ISBN 978–7–121–31091–1

Ⅰ.①U… Ⅱ.①蓝… Ⅲ.①人机界面–程序设计 Ⅳ.①TP311.1

中国版本图书馆CIP数据核字（2017）第053849号

策划编辑：贺志洪

责任编辑：贺志洪 特约编辑：杨 丽 薛 阳

印　　刷：中国电影出版社印刷厂

装　　订：三河市良远印务有限公司

出版发行：电子工业出版社

　　　　　北京市海淀区万寿路173信箱　邮编100036

开　　本：880×1230　1/20　印张：12　彩插：2　字数：384千字

版　　次：2017年3月第1版

印　　次：2017年3月第1次印刷

定　　价：59.00元

凡所购买电子工业出版社图书有缺损问题，请向购买书店调换。若书店售缺，请与本社发行部联系，联系及邮购电话：（010）88254888，88258888。

质量投诉请发邮件至zlts@phei.com.cn，盗版侵权举报请发邮件至dbqq@phei.com.cn。

本书咨询联系方式：（010）88254609 或 hzh@phei.com.cn。

写作目的

对于行业

人机交互设计和界面设计从来没有今天这般兴盛，行业内各个大型协会与小型组织的交流互动，使得这个行业的上、中、下游组成部分更加了解这个学科和它能够带来的价值，而他们积极投身其中的行动和广大爱好者的激情，这正是本书的创作初衷。

本书的作者同样是该行业的实践者，然而行业体系庞大，组成复杂，因此，作者只能挑选自己熟知，并在当下极具市场价值的某个环节进行阐述，以便将自己的一些经验和收获与读者分享。

选择手持设备这个领域作为本书的重点，并非偶然，首先本书作者就是该领域的资深团队；其次，手持设备的日益发展与功能聚合，使得它在信息化的今天，成为极重要的工作、生活和娱乐设备。

本书中，作者也展示了当今行业前沿的发展动态与技术的更新交替，以行业的视角关注设计本身，使得书中的案例与流程具有更实际的意义。

对于企业

本书作者不仅拥有国内知名 IT 公司与通信设备公司的设计工作经验，也与很多中、小型企业有过深入的设计合作，其中的工作经验与技巧对本土企业中的工作同仁具有实际的参考价值。

中国企业本身对于交互设计与界面设计的特殊理解，团队的阶梯式发展，其中的人文因素和技术问题，作者都亲身经历，相信这些知识的分享会尽量保持客观。

在书中，作者展示了大量的实际工作操作经验，有些甚至是教训（出于隐私考虑，书中不会公布公司的名称和项目的详细情况），但我相信这些经验具有普遍性意义。

本书的分析、指导和教学，都将以实际工作为主，理论研究和晦涩难懂的专业用词尽量避免，让本书成为读者工作中的一本参考书籍或实用手册。

设计师入门充电站

对于个人

交互设计和界面设计是针对人的设计（其实有哪种设计不是如此？），是研究用户和观众的设计，是大量运用心理学、市场营销学、信息处理技术、社会工程学等综合知识的设计手段。

用户如此重要，以至于我同样希望普通受众和非从事该领域工作的用户也能看懂这本书，了解一个产品的核心设计过程，提高分辨优秀产品和庸俗产品的能力，请不要害怕本书中的软件和专业词汇，书中提供了一些利于理解的案例和实际在你身边发生的故事，你会发现"交互与界面无处不在"。

正因作者不是沉醉于理论研究的"知识狂人"，也不是迷恋产品更新版本的"技术先锋"，书中提出的建议和设计逻辑，将告诉你——应该使用什么样的产品？为什么生活如此枯燥和复杂？高科技和油盐酱醋有什么关系？等等。

张海龙 | 阿里高德移动产品部副总经理，百度、360 用户体验负责人

读完这本书稿，很欣慰，现在大家都在谈共享经济，知识也一样，老师教会了我们读书看报，社会积累了我们生活阅历……在职业的起点上每个人缺少的是一本好书和一位领路人。这本《第一现场之 UI 设计跟我学》用生动的手法和情景故事讲述了项目中必经的流程、每个职责的站位和思考，他们用亲历的实战和走过的痛分享出来，让新人起航不再徘徊与迷茫。本书看似基础，看似浅显，但其实这就是最真实、最宝贵的。希望更多的小伙伴可以从中受益。也希望笔者们继续用亲身经历来写书，写下行业里最有份量的一笔。

李 军 | 去哪网产品总监

一个新产品从 pm 手中诞生的时候往往是毛坯，设计师的工作就是要从用户视角将这些冷冰冰改造成易用性美感兼具的成品。从这一点来看设计师的工作无疑是伟大的，一名优秀的设计师需要兼具同理心和深厚的设计功底。本书正是从设计师最常见的工作场景出发，别开生面的阐述如何成为一名优秀的设计师，希望能够为各位读者提供一些有价值的见解。

李 威 | 爱奇艺用户体验设计中心负责人

随着近几年用户体验行业的高速发展，市场对相关领域的人才需求量剧增，行业越来越需要在专业层面多维度的交流与分享，本书作者在繁忙的工作之余，将自己的宝贵经验总结成册，在专业领域进行积极的探索和总结，对这个行业的发展大有裨益。严格来讲，UI 包含的领域较为广泛，涉及 User Inerface 的交互、视觉、动效乃至架构层级的设计都属于 UI 设计的范畴，而不仅仅是狭义的视觉设计。这个领域的边界随着产业的发展也在不停延伸，例如

基于人工智能语音的对话用界面设计，从有形到无形，依然属于 UI 设计的范畴。在这个领域还有很多值得探索总结的知识经验，也期待有更多像本书作者这样的专业人士将自己的研究成果总结出来与同行分享。

设计师入门充电站

何亚虎 | INVES Design 创始人

职场新人在刚迈入工作时候，最重要的就是建立起对职业的基础认知。现在市面上的设计书籍大多都是在讲着各种似是而非的理论、原则和方法，少有人去讲最基础的工作常识，但是对于新人来说，恰恰是最需要的知识。本书就是一本讲基础常识的书，内容基础，语言朴实，但是最适合刚入行的你。

范学景 | 橘子娱乐用户体验部负责人

对于初入设计行业的设计师来说，如何找到快速而有效的设计方法是十分重要的。《第一现场之 ui 设计跟我学》让读者通过全新的方式理解并学习设计，打通知识传播的屏障从而更加快速的获取经验，让设计更有价值。

方传兵 | 百度用户体验部高级经理

第一现场系列教材是通过还原工作现场的一本实用性书籍，是不可多得的设计参考书、系统地讲解了从产品经理到交互设计再到视觉设计的一个真实流程，能让初学者快速了解一线的工作流程，相信可以帮助大家解决设计中的困惑。

陈　思｜思科，前苹果、百度高级 UI ／ UX 设计师

　　一个优秀的 UI/UX 设计师应当是敏捷而灵活的。在不同的团队，不同的情况下都应尽力融入产品设计流程并发挥自己最大的价值。"第一现场"用轻松的漫画形式让设计师朋友们直接体验到不同的设计场景，并提供了详细，可实现的操作方法，这对新手设计师非常有价值。无论你是刚开始学习 UX 设计理念和流程还是准备成为一名更优秀的设计师，阅读这本书都是一个不错的开始。

　　本书内容涵盖交互设计与界面设计的基本概念、设计规范和工作流程。由于这是一本展示实际工作案例和工作经验为主的书，一开始着力介绍目前最新发展的交互手段和使用场所，当然以移动手持设备为主。作为设计师，一定要关心如何将这些创意产品化。接下来介绍如何正确地将一个设计想法变成产品。产品化的过程中，用户体验设计是相当重要的，由于 UCD 设计思想的广泛使用，本书重点研究并分析用户体验设计的可行性和方法。视觉设计是普通大众直接接触产品设计核心的介质，本书将使用初级→高级→复合型的综合设计案例介绍如何设计出让人喜爱的视觉作品。最后，还说明了一些产品的完整设计案例，展示一个移动手持设备交互和界面设计的全过程

创作团队

2017 年 2 月

目 录
CONTENTS

第１现场

设计师入门充电站

Pets love团队

人物出场，项目经理、PM、UE、UI、RD

项目经理

老张

把一群优秀的人组织到一起，通过合理的分工协作来推动产品的最终呈现，当然也少不了团队管理的技巧，比如组织大家一起去撸串

PM产品经理

龙哥

做过3年视觉设计、1年交互设计、2年产品经理，沟通能力极强，嗅觉敏锐，对市场动向和流行趋势有极强的捕获能力

UE用户体验设计师

莹莹

工业设计专业背景，有1年交互设计工作经历，每天测试各种新APP，知识面广，对产品功能、布局和交互体验有一定自信

UI设计师

小刀

视觉设计专业背景，有3年UI设计工作经历，擅长信息归类和数据可视化，想法很多，思维敏捷，喜欢养宠物和看漫画

RD（前端工程师）

老王

理科专业背景，有6年研发工作经历，擅长用逻辑思维来判断别人的想法，固执不好说服，每天加班很晚

RD（后台工程师）

老于

12年研发工作经历，在互联网行业摸爬滚打10多年，处理过各种疑难杂症，在解决技术问题方面有一套成熟的方法

一个互联网项目的工作流程

第1现场

UI设计
跟我学

设计师入门充电站

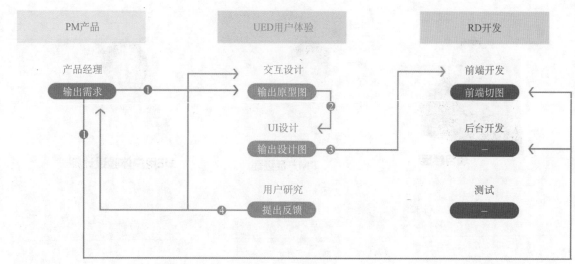

PM产品	UED用户体验	RD开发
产品经理	交互设计	前端开发
输出需求	输出原型图	前端切图
	UI设计	后台开发
	输出设计图	—
	用户研究	测试
	提出反馈	—

相关阅读

微信扫码阅读
互联网产品的
研发流程

我是小刀

是这本书里的主角，做 UI 设计还真不是画画图那么简单，外行都以为我们是美工或只做视觉的，那是他们不懂我们的工作。

一个合格的 UI 设计师，要具备的能力有很多，在书的最后会有详细的介绍，当然会有同学问我做 UI 设计师辛苦吗？需要加班吗？待遇咋样？面对这些问题，我的统一回答是，我看到的是整个互联网世界，而你还在门外！

7月30日
0:00 立项会议

01 产品经理不是经理

1.1 UI 设计师要被产品经理管吗？

设计师入门充电站

产品经理（Product Manager）

是互联网公司 中专门负责产品管理的职位，产品经理负责调查市场并根据用户的需求，确定开发何种产品，选择何种技术、商业模式等，并推动相应产品的开发组织，他还要根据产品的生命周期，协调研发、营销、运营等，确定和组织实施相应的产品策略，以及其他一系列相关的产品管理活动。

从以上我们看到，产品经理不是负责人，而是负责产品，最终获知关于产品的所有信息。

那么既然产品经理不管我，他怎么推进工作呢？

产品经理很重要的一个能力就是"沟通"，即在工作过程中频繁地和各个部门沟通，最终让产品按时上线。所以大部分产品经理的表达能力都很强，在这一点上，有的 UI 设计师会明显感觉到压力，因为有很多设计师都比较内向，不善表达。

◉ 相关阅读

微信扫码阅读
产品经理的
工作职责

上午九点半，产品经理把大家叫到一起，向大家介绍本次项目的方案

开发老王在思考项目中的技术难题

原来
她是新来的
交互设计师

龙哥正在
认真地
做项目介绍

会后，龙哥
告诉我
项目时间非常紧　　　压力山大

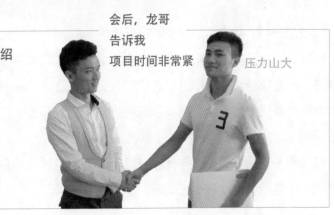

1.2 明确需求，知道你在做什么

设计师入门充电站

龙哥是公司的男神，受到很多女同事的喜欢，看他在讲述他要做的产品。

要做一款产品，首先要明确几个问题：

- 产品的用户是谁？
- 用户使用产品能够获得什么？
- 公司推出产品是为了获得什么？

这些问题从产品到用户，说到底就是要获知产品与产品使用者的诉求。因此在做任何项目前，产品部门都要从各个角度做调研、分析、汇总等方式来最终评估出产品的价值，换句话说就是为什么要存在这样一款产品。

以我们产品 pets love 为例，产品用户为爱宠人士，从年龄层到性别层，跨度广，使用的人群基数大，先天的用户群体健康度非常好，在这庞大的基数群体里诉求宠物的饲养方法、饲养体验，与宠物一起的快乐互动是爱宠人士喜欢分享的快乐，当然也是这款APP存在的原因，同时在这个基础上，又衍生出关于宠物的电子商城，从交流的基础上又增加了软件的实用性。

其实我一直对龙哥的工作比较好奇，每天跟各种人开会，他的沟通能力非常强，但平时到底都在干啥活呢，也没看他干啥啊？

首先，我们的用户是爱宠人士。

经过调研，我总结了他们的需求：

1. 需要向朋友展示自己的宠物

2. 宠物需要洗护、治疗、饮食

3. 购买宠物

4. 养宠咨询

基于这些需求，我设计的APP基本功能有：

1. 狗宠

2. 商城

3. 服务（在线问诊、养宠攻略）

龙哥开始给大家展示了他的工作内容：

BRD、MRD、PRD

设计师入门充电站

知识拓展

我是谁（BRD），说清楚产品的战略层面。

我从哪里来（MRD），说清楚产品的市场情况，战术怎么打。

我到哪里去（PRD），细化产品应该怎么做。

BRD 商业需求文档 Business Requirement Document

MRD 市场需求文档 Market Requirement Document

PRD 产品需求文档 Product Requirement Document

我一下看懵了，原来产品经理要干的活也真不少，还真不是聊聊天就能解决的，还是要虚心学习下，回头看一下也去做产品经理！

网上搜了下原来产品经理要会这么多：

➤ 原型制作：Axure，Mockplus，Fireworks，Photoshop，Mockingbird（Web），Balsamiq-Mockups，Omnigraffle 等，其中，Mockplus 兼具审阅功能，更加方便了设计，提高了工作效率。

➤ 项目管理：Pricise Project Management（PPM），Project（微软产品），Todolist，Excel，Sheet，Gcalendar，Google task，trac，Outlook。

➤ 在线协作：SVN，Google Docs，Mockplus。

➤ **测试反馈**：TestCenter，QC，Jira，Bugzilla，Firebug，TestDirector，IETester。

➤ **需求池管理**：Mantis。

➤ **团队交流**：QQ，Outlook，MSN，GTalk，画声（精准沟通）。

➤ **工具推荐**：多用下载。

➤ **笔记软件**：Evernote（印象笔记），Onenote（微软产品），麦库，有道云笔记，为知，轻笔记。

➤ **代码编辑**：Editplus，UltraEdit，Sublime Text 3，Textmate，Notepad。

龙哥跟我说其实在工作中产品经理真用不上这么多工具，只需要"心中有格局"，"多维度思考"就可以了，我听完不断地点头，但感觉更懵了！

💡 知识拓展

目前确实有很多 UI 设计师在考虑转岗去做产品经理，总觉得产品经理的工作挑战更大，并能满足内心的成就感。

1.3 用户画像

（1）为什么你需要一款无死角、全方位需求的 APP？

➤ 它是什么？

➤ 能解决什么问题？

➤ 有什么功能？

（2）为什么你要下载一个宠物类型的 APP？

➤ 是爱宠人士？

➤ APP 的功能？

➤ 有关宠物的信息？

➤ 为了更好地满足需求？

（3）为什么你会下载一个 360° 全方位的宠物类 APP？

➤ 表面上看，大量需求宠物方面的信息。

➤ 需要一款一站式平台。

➤ 用精品内容为用户提供 360° 服务。

（4）你更期待一款宠物类 APP 能给你带来什么服务？

➤ 精品内容

➤ 商城

➤ 宠物领养

➤ 宠物买卖

➤ 宠物洗澡美容

（5）你希望一款 APP 产品能给你带来什么精品内容？

➤ 宠物宝典

➤ 新爱宠人士需求大

➤ 搜索频次高，内容推荐

➤ 宠物咨询

➤ 多提爱宠人士想了解的宠物知识

➤ 增加用户的黏性

（6）宠物市场

- ➤ 宠物交易
- ➤ 宠物相亲
- ➤ 宠物领养

（7）交易平台

- ➤ 宠物来源保证
- ➤ 售后保障
- ➤ 健康卫生情况对称
- ➤ 商家诚信认证

（8）公益与商业

> ➤ 免费申请领养爱宠
> ➤ APP 平台审核
> ➤ 爱宠配送（物流运输）
> ➤ 收到爱宠

（9）商城—宠物医院

> ➤ 预防疾病
> ➤ 宠物健康

（10）商城—宠物美容

> ➤ 宠物美容知识

（11）商城—宠物日常

➤ 宠物粮食的选择

设计师入门充电站

1.4 头脑风暴，选择闪光的想法

这款APP在实用性方面一定要给用户真正带来便利！前期在产品功能设计上要找到真正的痛点，真正帮用户解决问题

在用户的操作体验上我要尝试新的交互方式，从不同人群的心理出发，达到最贴心的交互体验

在UI效果上一定要给用户最鲜明的印象，功能和内容的展现上要追求更简约、更贴切的形式

　　在定位好产品的基本需求前提下，剩下的就是形成具象的过程，选择怎样的表现形式来使使用者在心理上容易接受，真正觉得实用，甚至达到依赖的程度，为了达到这种预期效果我们必须：

设计师入门充电站

（1）在头脑中形成多个维度。

（2）在 UI 层面形成多版本的页面展现形式。

（3）在使用体验方面从不同人群的心理出发，能产生怎样的互动效果。

（4）在实用性方面是否给用户真正带来便利。

（5）从企业方面考量在投入与收入方面达到收支平衡，以至于达到最好的盈利效果。

（6）通过不断地思考验证把这些涌出的想法，收集、筛选、甄别最终确定成熟的产品原型。

08月10日
14:30 流程纠错

02 思路缜密的交互设计

2.1 原型图和她一样漂亮

新产品原型展现给大家，把每个页面原型的功能连接到一起就是我们的流程图了。
大家都来看看吧！

pets love将有超过150个页面，当然这是第一版，上线后还要继续迭代。

果然是挺有实力的

2.1.1 低保真原型图

➤ 低保真原型图是产品设计的基础呈现方式，它有三个简单直接而明确的目标：

➤ 呈现主体信息群

➤ 勾勒出结构和布局

➤ 用户交互界面的主视觉和描述

正确地创建了线框图之后，它将作为产品的骨干而存在，如图 2-1 所示。

图 2-1

设计师入门充电站

相关阅读

微信扫码阅读
高保真原型

知识拓展

项目进行中，我私下告诉你：这种线框图可以手绘，也可以使用软件辅助完成，比如 Axure。

如图 2-1 所示一个简单的线框图最终需要包含的内容有图片、视频、文本。所以，通常情况下，被省略的地方会用占位符来标明，而图片通常被带斜线的线框来替代，文本会按照排版要求，用一些标识性的文字所替代。

2.1.2 高保真原型图

高保真原型是真实地模拟产品最终的视觉效果、交互效果和用户体验感受，在视觉、交互和用户体验上非常接近真实的产品。

根据开发状态，做最高保真的原型，最终期望是能达到和产品实际运行时一样的状态。

1. 高保真原型可降低沟通成本

所有人只看一个交付件，并且这个交付件可以反映最新的、最好的设计方案，并可展现产品的流程、逻辑、布局、视觉效果、操作状态。

2. 高保真原型会降低制作成本

好的设计是不断尝试出来的，高保真原型可以在只投入少数开发力量的同时，就进行各种测试。很多问题，要投入使用场景才能发现。高保真原型可以帮助开发者模拟大多数使用场景，如图 2-2 所示。

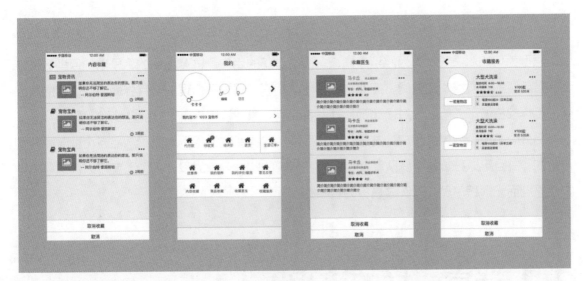

图 2-2

看到她终于拿出了漂亮的原型图，在大屏幕中出现了。

💡 知识拓展

会议中还得偷偷告诉大家：高保真原型图要求较高，尽可能真实地模拟用户和界面之间的交互。当使用一个按钮被按下的时候，相应的操作必须被执行，对应页面也必须出现，尽可能地模仿完整的产品体验。

新产品原型展现给大家后，我们已经看到了将要做的项目的基本形态，以及每个模块的页面展现形式。

参加评审会的同事看到后，频频点头，嗯，美貌与智慧并存，女神般的交互设计师呀！

2.1.3 原型很重要

原型为何如此重要？因为原型通常被拿来给真正的用户测试产品用的。早期的原型测试能够节省巨量的开发成本和时间，如此一来，团队就不会因为不合理的交互界面而让后端的产品架构工作都白做了。所以，对设计师和开发者而言，原型是用来测试产品的绝妙工具。

另外，将原型提供给用户，并跟踪用户反馈，这样基本的用例对洞察产品各个细节能收到奇效的，并且可以鼓舞整个团队。使用前文我所说的软件，单靠设计师介入就可以快速高效地构建原型而无须程序员介入，这是极为省事的。

第i现场

UI 设计 跟我学

设计师入门充电站

2.2 迷宫一样的流程图

在有了高保真原型图后，就可以把产品的业务流程关联起来，生成我们看到的流程图，流程图方便设计师和开发人员清晰知道产品的逻辑和路径，对后面的工作有非常大的帮助。在我们这个项目中，是以宠物与爱主共享快乐的平台，有爱主的交流、宠物的 shopping，当然也可以购到自己心仪的爱宠，这些模块的交互关系，如图 2-3 所示。

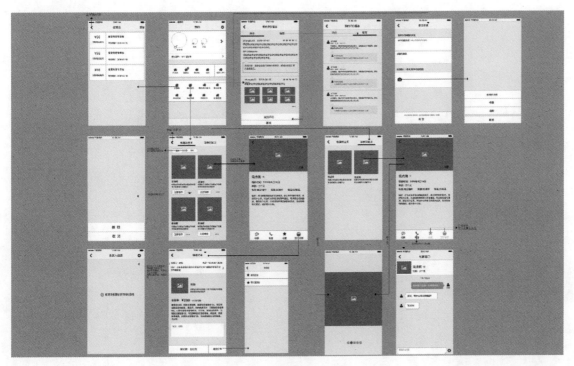

图 2-3

知识拓展

在交互设计师讲解中，我还是得多说一句：一般而言，大家不但要注重软件的功能、信息架构、用户体验，更要注重用户交互流程、从哪里开始到哪里去，可用性流动设计是否合理等，这些东西不用考虑这些因素的美学特征，在这种情况下，根据需求进行修改也无须涉及代码调整和图形编辑。

thinking

source material

design

08月11日
09:30 确立风格

03 做好风格定位

3.1 先想想，再设计

我是一名 UI 设计师，所以只站在 UI 设计师的角度把 APP 从项目启动到切图输出的过程写一写，相当于工作流程的介绍吧。公司不同，流程也不尽相同，但万变不离其宗。

在 02 章的产品交互评审会上已经确定了产品原型，交互设计师介绍了模块具体功能、逻辑跳转等，接下来就开始我们的设计工作了。

话不多说，接到原型，那我们应该怎样开始工作呢？

有的说那就打开 PS 开始做呗，错！千万不要这样做，那太不专业了，那么正确的应该怎么做呢？

我来告诉你，关上你的 PS，去倒杯茶水，把刚才开会的内容，以及细节想一遍，不明白的地方、不理解的地方找到相关的人问明白，多和他们沟通，能提出问题说明你已经深入了解了项目。

在设计之前，一定要做到"知己知彼"，首先要下载竞争对手或者同类的产品进行使用，研究下他们的设计风格，最后确立自己产品的风格定位。

然后是，各种素材的收集，这些素材会在接下来设计时用到。

最后设计出自己产品的风格，并在首页效果中体现出来。

💡 知识拓展

　　如果我们 UI 设计师接到的产品原型是非常完整的高保真原型，并且原型上的功能和逻辑都是经过开会讨论并确定下来的，那么我们 UI 设计师在设计视觉页面时就不要轻易改变产品的功能布局，如果觉得有必要修改也要和交互设计师、产品经理沟通后再进行修改。

3.2 素材收集

设计师入门充电站

对于刚入行的设计师而言由于没有那么多的经验积累，因此培养一个快速的灵感积累方法很有必要。多年的工作经验，我总结行之有效的方法有以下几个。

1. 创意来源的收集

互联网时代下，日常行业网站和素材网站的浏览（你的创意来源），是作为一个职业设计师最基本也是最有效的积累设计灵感的途径之一。例如：花瓣、站酷、优设、dribbble、pinterest、behance 等网站。

2. 创意方法的积累

创意思维的转换（给思维来个乾坤大挪移）。创意就是旧元素的重新组合，一个好设计可以在套用、借鉴和置换后成为一个新的设计（乔布斯也说过，伟大的艺术家靠"偷"！），运用好的话可能成为一个伟大的创意，如果拿捏不好尺度就容易让人觉得有抄袭的嫌疑。我也经常把这个叫做"乾坤大挪移"。

3. 语言阐述的收集

一定量的文字阅读储备（每一个设计都有属于它自己的故事），有一个关键词那就是"设计故事"，为自己的设计找一个支点，这是一个作品诞生后其灵魂的一部分，当然这也是一个新人走到资深骨干的过程，除了基本的设计技巧之外还有表达和阐述自己作品的能力。

4. 心境素养的打磨

熟能生巧（匠人思维）。这两年"匠人"这个词出现的频率多了起来，尤其是设计领域，有的设计师把自己比作匠人，追求对作品的极致打磨，设计匠人的说法也不是不可以，当做到各个功能和效果熟练在心的时候很容易做出好的设计，这就是我理解的"匠人思维"。

5. 资料库的建立

平时浏览好的作品，如平面、视频、动画、手绘等下载下来，并保存起来，看到美的东西，能打动自己的东西，收集起来，建立好文件夹，做好分类。

写了这么多，我知道大部分人看后还是会回归以往的工作习惯，如果想改变，就从整理自己的电脑开始吧。把收藏夹里的网站做好分类，把电脑里的作品进行整理。习惯养成后对设计需求的认知和条件反射就会不一样，当接到某个任务的时候也不会脑袋空空不知如何应对，如图 3-1 所示。

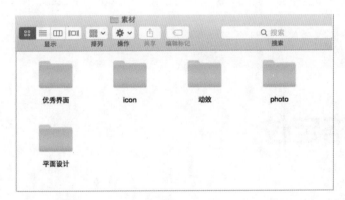

图 3-1

在项目设计之初，就该进行项目归档整理。项目归档整理时我习惯设置成"项目名称 + 版本序列"。

没有最正确的工作方法，只有最适合自己的工作习惯。

在这阶段我搜集很多与宠物有关的图片，如宠物的写真照、生活照等。

我个人习惯把不同类型的文件划分到不同类型的文件夹里，有的设计师习惯将它们全都放在一个文件夹里，如果文件少还说得过去，如果文件过多，就知道这样的利弊了，如图 3-2 所示。

图 3-2

3.3 风格定位

3.3.1 什么是设计风格

我认为设计风格就是人们把自己喜欢的东西（审美活动）按照一定规律分类，这样就形成了不同的视觉形式——设计风格，设计师也就是把这些设计风格（视觉感受）巧妙地融合到项目产品中去，让用户最大限度地感知到这种视觉感受。

移动产品的两大阵营，一个是苹果的 iOS 系统，如图 3-3 所示。另一个是谷歌的 Android 系统，如图 3-4 所示。

现在主流的设计风格都是扁平化设计趋势，在这种设计趋势下我们的产品也要采用扁平化的设计方法。

图 3-3

图 3-4

3.3.2 采用扁平化设计风格

扁平化设计风格可以让用户把精力更多地集中在产品使用和信息阅读上。太烦琐和太厚重的设计会增加用户使用的负担，并对产品内容也有一定的干扰，如图 3-5 所示。扁平化设计

◉相关阅读

微信扫码阅读

扁平化设计
的历史

时要注意:

（1）使用温暖绚丽的暖色调。

（2）图形更加简洁，抽象化。

（3）界面的构图与布局更加清晰。

3.3.3 情感化信息表达方式

与用户情感化的沟通方式，除了能有效地区分信息间的重要层级关系之外，也能使用户在情感层面上获得更多的体验，使产品更有黏性，如图3-6所示。

图 3-5

图 3-6

设计师入门充电站

3.3.4 提炼产品关键词

产品都应该有自己的气质，这种理念是要贯穿产品的，这种气质是设计赋予的，应用气质性语言使产品具有鲜明的风格特点，能够增加产品 APP 的魅力。通过关键词的提炼可以给 UI 设计提供核心属性的指引，比如亲近、温柔、爱、感情等文字，在设计语言上就可以给出适合的颜色和边框形状、图标风格等定义。如果没有关键词的提炼，就很难在视觉设计上给出更准确的设计，所以在正式开始设计之前我们要先提炼出产品的关键词，可以跟产品经理或其他相关同事共同讨论，如图 3-7 所示。

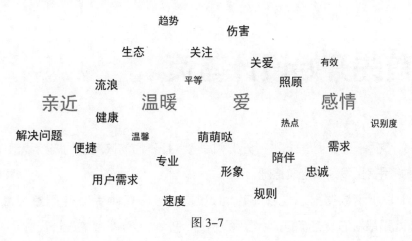

图 3-7

3.3.5 色彩提取

色彩是产品的情感化表达语言，可以根据提炼出的关键词和产品特点定义出适合产品的颜色，当然如果有明确的竞争对手产品，我们也要考虑下与竞品颜色的区别，基于这几个因素，我给产品定义的颜色为绿色系，它有自然、简洁、生动等寓意，如图 3-8 所示。

图 3-8

3.4 首先开始设计首页

　　根据产品、交互提供的原型图进行分析和思考,把不懂的该沟通的内容我都搞明白了,好了,接下来开始用首页设计来定风格吧。

　　根据图 3-9 所示数据显示现在 iPhone 6 是 iOS 设备中大家使用量最高的,但现在 iPhone 6 Plus 是最新的、主流的,所以我选用了 iPhone 6 Plus 的设计尺寸。

图 3-9

💡 知识拓展

在以后设计 APP 的时候，建议设计 2 套尺寸，以 750px×1134px 为基础去适配 iPhone 4、5、6（iPhone 6 可以在 iPhone 5 的基础上拉伸空白区域即可，资源同用 iPhone 5 的，位图则要等比缩放），以 1242px×2208px 的尺寸去设计 iPhone 6 Plus。

（1）打开 PS 软件，我们新建的是 iPhone 6 Plus 的适配尺为宽 1242px、高 2208px 的画布，分辨率是 72，单击"确定"按钮完成，如图 3-10 所示。

（2）在标尺上拖出左、右边距，拉出 20px 参考线（安全距离）和中心参考线，如图 3-11 所示。

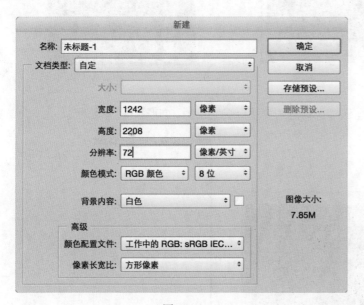

图 3-10

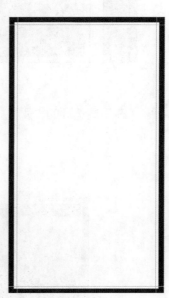

图 3-11

第i现场

UI
设计
跟我学

设计师入门充电站

iPhone 的官方设计规范，移动手机的 UI 设计过程中要考虑到不同尺寸大小手机在设计中如何适配等问题。

（3）在工具箱中选择矢量矩形工具，单击画布后，在弹出的输入框内输入宽度 1242px、高度 60px 的长方形，如图 3-12 所示。同时"图层"面板会自动新建一层，把它命名为"状态栏"，如图 3-13 所示。

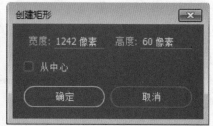

图 3-12

图 3-13

（4）在工具选项的"属性"面板中把颜色设置为 #2a2a2a，如图 3-14 所示。

图 3-14

（5）还是选择矢量矩形工具单击画布，分别输入导航栏尺寸，如图 3-15 所示。标签栏尺寸，如图 3-16 所示。

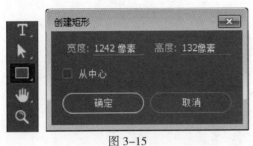
图 3-15

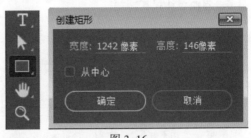
图 3-16

（6）采用"状态栏"的方法来绘制画出"导航栏"、"标签栏"，颜色设置为 #2a2a2a，这里就不一一介绍了，相信你们能看懂的 ^_^，如图 3-17 所示。

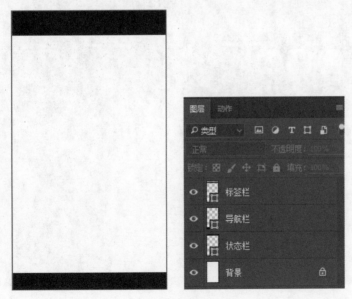
图 3-17

（7）在素材库里找到 UIkit，网上有专门提供的 psd 文件搜索下载即可，如图 3-18、

图 3-19 所示。

设计师入门充电站

6s+界面设计尺寸UIkit 　　🎦　　百度一下

网页　新闻　贴吧　知道　音乐　图片　视频　地图　文库　更多»

百度为您找到相关结果约7,930个　　　　　　　　　▽搜索工具

iOS 9 UI KIT设计模板(PSD + Sketch) | 设计达人

iPhone 6s 刚才不久,最新的 iOS 9 模板也更新啦,对于做UI设计的小伙们可以下载该素材来
制作 APP 了,由于有小部分同学使用 Sketch 来设计 UI,所以这次小编…
www.shejidaren.com/ios… ▾ - 百度快照 - 评价

图 3-18

图 3-19

（8）苹果手机 UIkit 稍加修改拖过来可以直接使用，把文件拖曳成浮动文件，然后找到

startus bar 图层，按住鼠标左键直接拖动图层到 Pets Love 首页文件里松手即可，如图 3-20 所示。

图 3-20

（9）在画布中居中排列并调整好位置即可，如图 3-21 所示。

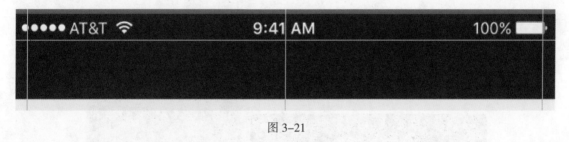

图 3-21

（10）双击"startus bar"图层，在预览窗口中进入智能对象编辑图层，把 sketch 改成自己的英文名字 tony，如图 3-22 所示。

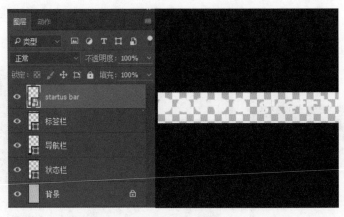

图 3-22

（11）选择微软雅黑字体，字体样式 Style：常规、锐利、不加粗。到这里状态栏已经制作完成。接下来我们继续添加导航栏内容，选择工具箱里的文字工具（T），在标签栏里输入"PETS LOVE"，字体设置成微软雅黑 blod、锐化，大小 54px，色彩为白色（#ffffff），如图 3-23 所示。

图 3-23

（12）我们要设计一个 banner 广告图，尺寸为宽 1242px、高 540px。设计时可以根据这个项目的需求文档、文案，查找素材，再设计出 banner 头图，这里就不讲 banner 的详细制作过程了。设计效果如图 3-24、图 3-25 所示。

图 3-24

图 3-25

第1现场

UI
设计
跟我学

设计师入门充电站

（13）做到这里，我们在"图层"面板找到背景图层，把颜色填充为浅灰色，数值是 #d1d1d1，如图 3-26 所示。

图 3-26

（14）绘制"菜单栏"，选择矢量矩形工具，绘制出宽 1242px、高 274px，填充色为白色（#ffffff）无描边的矩形，如图 3-27 所示。

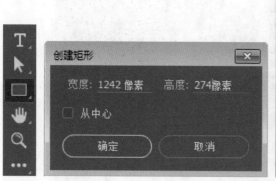

图 3-27

（15）将"菜单栏"划分为 4 个栏目，图标的绘制在这里我先不细讲，后面图标那章会详细讲解图标的绘制方法，在这里就直接把做好的图标拖进来了。

（16）在图标下面输入文字，字体微软雅黑、regular、大小 30px、锐化、颜色值 #424242，如图 3-28 所示。

（17）继续按首页原型图的要求，绘制下面 banner 广告图，宽 1242px、高 386px。banner 制作方法同上，我不详细阐述了，这里可以把按照需求文案制作好的文件直接拖进来，如图 3-29 所示。

图 3-28

图 3-29

（18）继续使用"矩形矢量工具"单击画布，新建一个宽 600px、高 626px 的矩形，填充为白色 (#ffffff)，如图 3-30 所示。

设计师入门充电站

图 3-30

（19）把制作好的广告图片拖曳进来，如图 3-31 所示。

图 3-31

（20）把矩形摆放到左边 20px、上边 20px 的位置上。继续绘制矩形宽 600px、高 299px，填充色为白色（#ffffff），摆放位置在右边 20px、上边 20px 的位置上，如图 3-32 所示。

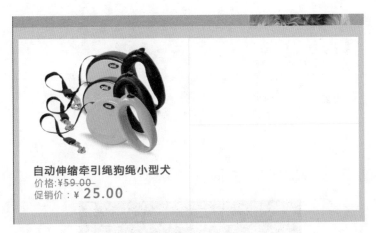

图 3-32

（21）同样，把广告内容直接拖进来摆好位置，如图 3-33 所示。

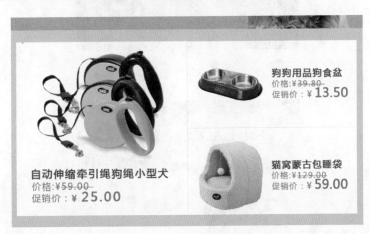

图 3-33

（22）之后再绘制最下方的标签栏，把标签栏的背景色改成白色（#ffffff），然后把我们需要的图标拖进来，位置摆放好，如图 3-34 所示。图标的绘制方法在以后的章节讲解。

图 3-34

这样我们的首页到这里就做好了，如图 3-35 所示。

图 3-35

3.5 风格评审、初遇职场潜规则

其实这时候不是你做完了就完成了，是要让大家来评审的（就是被人家吐槽），有经验的设计师都会做几款不同风格首页。

大家在评审会上会从产品功能的角度、用户体验的角度、美观的角度等几个维度来展开评审，如时尚大气简洁、色彩搭配的和谐、信息层级清晰、追求信息到达用户的最短距离，这些都是评审们要考虑的参考点，如果设计作品未能满足这些要求，那可能会反复修改，此时也是设计师被虐的时候。

　　我设计了三套首页方案见图 3-36 ～图 3-38，让评审的同事来选，最终方案 B 获得了大家的一致认可，在后面的设计中都会采用方案 B 的设计风格来完成。

设计师入门充电站

方案 A

图 3-36

方案 B
图 3-37

方案 C
图 3-38

💡 知识拓展

在确定主视觉风格时要尽可能地多提供 1~2 套风格，有利于在评审过程中顺利过关，如果只提供 1 套设计风格，很可能在最后被提出各种修改意见，影响项目进度。

3.6 提取设计元素

设计师入门充电站

　　首页风格定下来了，接下来我们开始制作规范文档。好的视觉规范文档会大大提高我们的工作效率、团队的协调性，提高产品的一致性，风格上的统一。

　　那么规范文档都有哪些内容呢？

　　规范文档包括：颜色、文字、按钮、图标、控件、状态提示、顶部标签、底部标签、工具栏、列表等样式、大小、配色、位置摆放等要求，如图 3-39、图 3-40 所示。

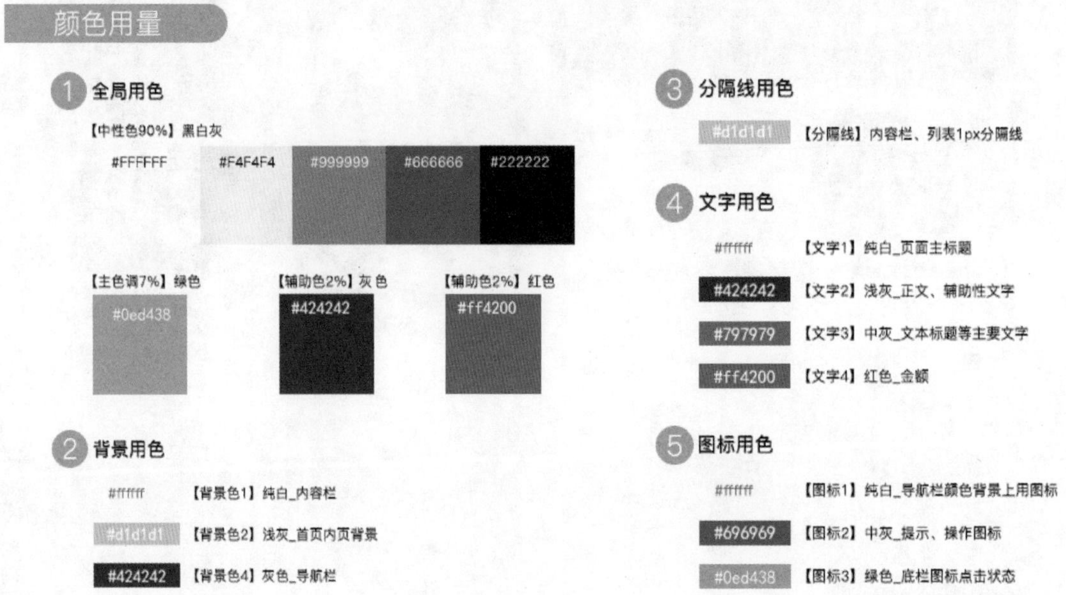

颜色用量

① 全局用色

【中性色90%】黑白灰

#FFFFFF	#F4F4F4	#999999	#666666	#222222

【主色调7%】绿色
#0ed438

【辅助色2%】灰色
#424242

【辅助色2%】红色
#ff4200

② 背景用色

#ffffff　【背景色1】纯白_内容栏

#d1d1d1　【背景色2】浅灰_首页内页背景

#424242　【背景色4】灰色_导航栏

③ 分隔线用色

#d1d1d1　【分隔线】内容栏、列表1px分隔线

④ 文字用色

#ffffff　【文字1】纯白_页面主标题

#424242　【文字2】浅灰_正文、辅助性文字

#797979　【文字3】中灰_文本标题等主要文字

#ff4200　【文字4】红色_金额

⑤ 图标用色

#ffffff　【图标1】纯白_导航栏颜色背景上用图标

#696969　【图标2】中灰_提示、操作图标

#0ed438　【图标3】绿色_底栏图标点击状态

图 3-39

1 图标汇总1-按图标尺寸汇总

尺寸　　　　　　　　　　　　　　　　　按图标尺寸汇总

二级导航图标

100*100　养宠攻略　在线问诊　免费领养　惊喜折扣

84*84　主食　美容洗浴　医疗　保健

75*75　底部图标　我的　首页　商城　购宠　服务

66*66　顶部图标　消息　返回　加　设置　定位　搜索　分享

图 3-40

03

做好风格定位

3月15日
09:30 页面设计

04 控件的秘密

经过 03 章首页风格设计后，接下来我们开始探索控件的秘密。

设计师入门充电站

4.1 设计控件的目的

每套 APP 都有属于自己的控件规范、风格、色彩。

前期设计好控件有如下优点：

（1）APP 界面所用到的控件如按钮、表单、图标等，都可以通用，这样可以减少工作量。

（2）控件可以统一视觉风格，让界面的逻辑更清晰。

（3）如果有多位设计师参与工作，统一的控件可以保证视觉上的一致性。

（4）控件的统一可以降低用户学习软件操作的成本。

4.2 控件规范与原则

按照控件的统一性、协同性、高效性的原则，iOS 操作系统有它一套规则体系，03 章里我有介绍过，例如尺寸、规范、样式等，接下来带领大家继续做控件的设计，根据项目产品需求，整理出一套项目控件规范，搜索按钮、顶部标签和底部标签等。

4.3 搜索框设计

在控件的制作过程中，我们可以把所有控件都放在一个画布里。先设计一个搜索框的控件给大家示范设计步骤，如图 4-1 所示。

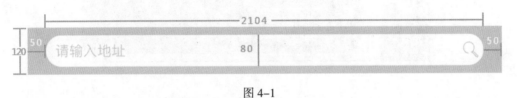

图 4-1

（1）打开 PS 软件，新建画布参数，如图 4-2 所示。

图 4-2

（2）选择工具箱上的矢量矩形工具，在属性栏上更改形状选项，单击画布绘制宽

1242px、高 120px，填充色设置为 #f4f4f4，如图 4-3、图 4-4 所示。

第*I*现场

UI设计
跟我学

设计师入门充电站

图 4-3

图 4-4

（3）在工具箱中继续选择圆角矩形工具，新建图层继续绘制宽 1142px、高 80px，圆角半径为 40px 的矢量矩形，填充色设为 #ffffff, 如图 4-5、图 4-6 所示。

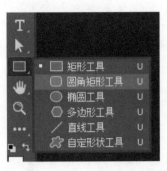

图 4-5

图 4-6

（4）选择移动工具，按住 Ctrl 键点选两个图层，再到移动工具属性中单击"垂直居中对齐"和"水平居中对齐"图标，如图 4-7 所示。

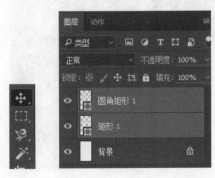

图 4-7

（5）选择文字工具输入"请输入地址"字体颜色设置为浅灰色 (#f4f4f4)。字体大小设置为 40px, 微软雅黑字体。放大镜搜索图标可以在已有的控件库里找到，放到如图 4-8 所示位置，调整大小。这样一个搜索页面的搜索框控件就绘制完成了。

图 4-8

下面介绍另一种类型的搜索框设计方法——线框式搜索控件，如图 4-9 所示。

图 4-9

（1）首先，复制前面所讲的首页文件，删除或隐藏不需要的图层，如图 4-10 所示。

图 4-10

第1现场

设计师入门充电站

（2）在工具箱上选择圆角矩形工具，单击画布在弹出的窗口中输入宽度 888px、高度 80px，圆角半径为 40px 的圆角矩形，如图 4-11 所示。

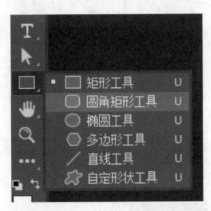

图 4-11

（3）填充颜色为白色 (#ffffff)，按照之前讲过的在工具属性栏里或是在"属性浮动层"图板里更改矢量图形的填色，如图 4-12 所示。

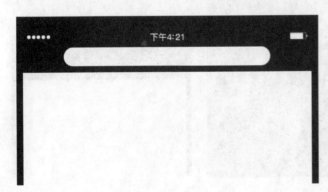

图 4-12

（4）接下来再讲个方法，双击图层前部的小窗口，弹出拾色器，如图 4-13 所示。

图 4-13

（5）选中圆角矩形图层，按住 Ctrl+J 键，复制一个圆角矩形图层，修改其大小为宽度882px、高度 74px，圆角半径为 37px，如图 4-14 所示。

图 4-14

（6）按住 Ctrl 键点选两个圆角矩形图层，再按 Ctrl+E 键合并图层，如图 4-15 所示。

图 4-15

这里我要教大家另一种对齐方法，选择移动工具，按 Shift 键，再选中两个圆角矩形图层，然后进行水平居中、垂直居中对齐，如图 4-16 所示。

图 4-16

（7）选择路径选择工具，再点选里面的圆角矩形，减去顶层形状，如图 4-17 所示。

第<i>i</i>现场

UI 设计
跟我学

设计师入门充电站

图 4-17

（8）到这里搜索线框绘制完成，位置移动到距离左边距 142px，如图 4-18 所示。

图 4-18

返回箭头控件是用圆角矩形拼合和布尔运算裁切而成的。

（9）用圆角矩形矢量工具绘制宽 52px、高 18px、半径 9px 的圆角矩形，再绘制一个宽 46px、高 12px、半径 6px 的圆角矩形。选中两个图层按 Ctrl+E 键合并两个图层，上下、左右中心对齐两个圆角矩形，再用布尔运算减去顶层形状，得到宽 3px 的线性圆角矩形，如图 4-19 所示。

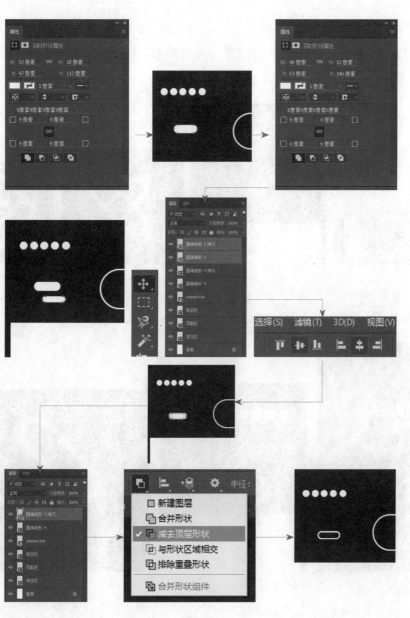

图 4-19

（10）选择线性圆角矩形按 Ctrl+T 键（自由变换）按住 Shift 键旋转 45°，复制圆角矩形图层，按 Ctrl+T 键（自由变换）右键单击圆角矩形，在弹出的快捷菜单中单击"垂直翻转"，移动到如图 4-20 位置，按回车键确认。

第1现场

UI设计
跟我学

设计师入门充电站

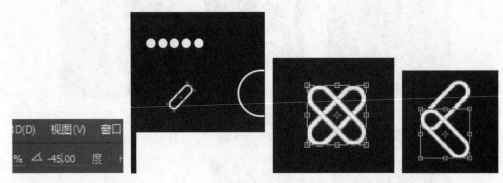

图 4-20

（11）选中两个圆角矩形图层，按住 Ctrl+E 键合并图层，如图 4-21 所示。

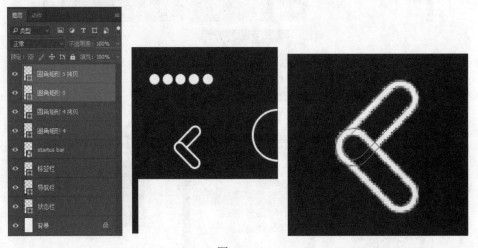

图 4-21

（12）选择黑剪头工具，再选择内框路径置于顶层，如图 4-22 所示。

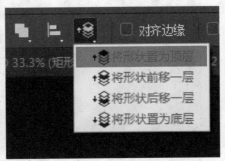
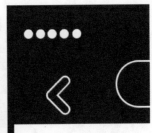

图 4-22

（13）绘制宽 20px、高 8px 的矢量矩形，如图 4-23 所示。

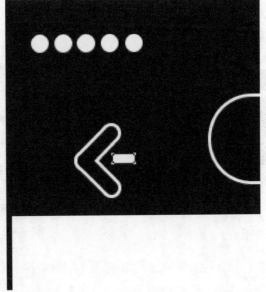

图 4-23

（14）按 Ctrl+T 键自由变换工具，按住 Shift 键旋转 45°，如图 4-24 所示。

第1现场

UI设计
跟我学

设计师入门充电站

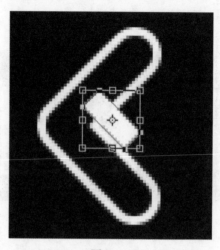

图 4-24

（15）选中两个图层将其合并，再选中矩形形状减去顶层，然后合并形状组件，如图 4-25 所示。

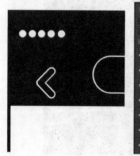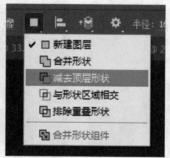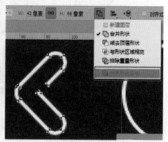

图 4-25

（16）这样我们就把返回箭头控件图标绘制完成了，将其放到距离左边距 50px 位置，如图 4-26 所示。

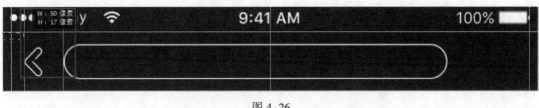

图 4-26

（17）把搜索图标和搜索内容删除图标直接拖过来摆放好位置即可，如图 4-27 所示。

图 4-27

（18）继续选择 T 文字工具，在搜索框里输入"搜索狗粮"文字，字号 40px，颜色为 #999999，字体为微软雅黑。接着输入"搜索"两个字，字体大小为 54px，到这里我们把线框式搜索控件绘制完成了，如图 4-28 所示。

图 4-28

4.4 更多控件样式

UI设计
跟我学

设计师入门充电站

控件规范

1 搜索 线框式用于内页及搜索页，搜索框内字号40px，颜色#999999

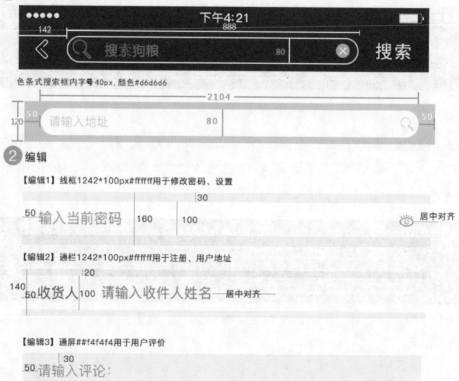

色条式搜索框内字号40px，颜色#d6d6d6

2 编辑

【编辑1】线框1242*100px#ffffff用于修改密码、设置

【编辑2】通栏1242*100px#ffffff用于注册、用户地址

【编辑3】通屏##f4f4f4用于用户评价

068

W/H/C 长度/高度/倒角,单位:px

1 按钮1——背景+文字(100%*60)

按钮名称

绿色背景 #0ed438　　字号42px-#ffffff　　W/H/C-1024px/100px/50px

按钮名称

绿色背景 #0ed438　　字号42px-#ffffff　　W/H/C-450px/100px/50px

按钮名称

绿色背景 #0ed438　　字号42px-#ffffff　　W/H/C-300px/100px/50px

1-3个月

灰色背景 #f4f4f4　　字号42px-#999999　　W/H/C-300px/100px/50px

04

控件的秘密

设计师入门充电站

② 按钮2——背景+文字(100%*60)

清空历史搜索

白色背景 #ffffff　　　字号42px-#666666　　W/H/C-350px/100px/50px　　2px线-#999999

查看详情

白色背景 #ffffff　　　字号42px-#666666　　W/H/C-450px/180px/50px　　2px线-#666666

进店逛逛

白色背景 #ffffff　　　字号42px-#88c635　　W/H/C-300px/100px/50px　　2px线-#0ed438

③ 按钮3——背景+文字(100%*60)

获取验证码

绿色背景 #0ed438　　　字号42px-#ffffff　　W/H/C-372px/100px/0px

加入购物车

绿色背景 #0ed438　　　字号42px-#ffffff　　W/H/C-412px/156px/0px

立即购买

红色背景 #ff4200　　　字号42px-#ffffff　　W/H/C-412px/156px/0px

查看物流

白色背景 #0ed438　　　字号42px-#ffffff　　W/H/C-412px/100px/0px

1 布局Layout——页面整体宽度：1242px （以iOS举例，Android宽100%等比试配，60px留白）

[布局方式1]1242px （通栏）

1242

[布局方式2]60px+1122px+60px （左右留白60px）

60   1122   60

[布局方式3]60px-561px+561px+60px （左右留白60px）

60   561   561   60

04

控
件
的
秘
密

2 顶部导航栏喵星人病症，喵星人病症W900px*H100px(#74a92e+#FFFFFF)

071

第I现场

UI设计
跟我学

设计师入门充电站

③ 顶部标签栏Tab bar_W900px*H100px(#74a92e+#FFFFFF)

{切换标签1}50px+571px+571px+50px

< 实物、罐头、玩具 字42PX #f4f4f4 🔍 取消

50 ──571── ──571── 50

{切换标签2}50px+414px+414px+414px+50px

种类 ▼   综合排序 ▼   筛选 ▼

50 ─414─ ─414─ ─414─ 50

④ 底部标签栏Tab bar

{标签栏}首页底部菜单_W1242px(宽) *H146px(高) (#74a92e+#FFFFFF)

75
⑤ 146

_字32px_默认#666666   _字32px_点击#74a92e

图片规范

① 用户头像尺寸：W*H，单位：px，空态图背景

130×130   宠物头像1（最小尺寸）

130×130   用户列表头像（最小尺寸）

240×240   宠物头像2（最大尺寸）

311×311   会员用户头像专用（最大尺寸）

这些都是 Pets Love 项目整理出来的控件规范，具体操作方法我就不一一向大家阐述了。

05 超多的功能页面

设计师入门充电站

功能页面的设计是比较辛苦的，在设计过程中，要实时地与交互设计师沟通，避免之后的返工。

这个环节，也是设计师经常加班的时候。

5.1 烧脑的引导页设计

当我们初次使用一款 APP 时，经常会看到酷炫的引导页，在没有进入之前会提前向您推送功能介绍、使用说明、推广等信息。颜值的好坏极大影响到后续产品的使用体验。因此各个公司都在努力提升页面品质，下面我们一起探讨关于引导页的设计。

5.1.1 目的区分

根据引导页的目的、出发点不同，可以将其分为功能介绍类、使用说明类、推广类、问题解决类，一般引导页不会超过 5 页。下面介绍其中的前几类。

1. 功能介绍类

此类引导页主要是对产品的主要功能进行展示，让用户对产品的主要功能有一个大致的了解。采用的形式大多以文字配合界面、插图的方式来展现，如图 5-1 所示。

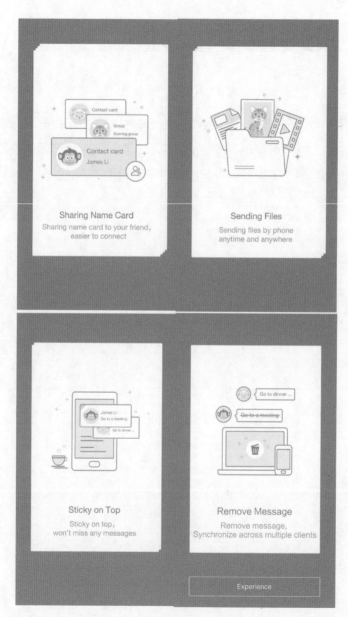

图 5-1

2. 使用说明类

此类引导页针对用户在使用产品过程中可能会遇到的困难、不清楚的操作、误解的操作行为进行提前告知。这类引导页大多采用箭头、圆圈进行标志，以手绘风格为主。以虾米音乐的引导页为例，对于较难发现的播放队列、歌词的操作方式一般用箭头引导来说明，如图 5-2 所示。

图 5-2

3. 推广类

推广类引导页除了有一些产品功能的介绍外，更多的是想传达产品的态度，让用户更明白这个产品的情怀，并考虑与整个产品风格、公司形象相一致。这一类的引导页如果做得不够吸引人，用户只会不耐烦地想快速划过。而制作精良、有趣的引导页，用户会驻足观赏，如图 5-3 所示。

MANY OF RECIPES

there is always one
you'll like it in the recipes

SOCIAL INTERACTION

You can interact with others
based on the recipes

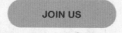

JOIN US

SPEED TO BAKE

Quick to enter baking mode.
make baking easier

图 5-3

5.1.2 表现方式

1. 文字与界面组合

这是最常见的引导页面，简短的文字 + 该功能的界面，主要运用在功能介绍类与使用说明类引导页。这种方式能较为直接地传达产品的主要功能，缺点在于过于模式化，显得千篇一律，如图 5-4 所示。

  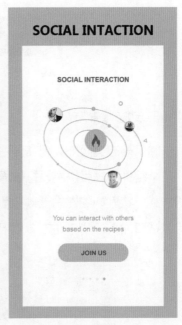

图 5-4

2. 文字与插图组合

文字与插图的组合方式也是目前常见的形式之一。插图多具象，以使用场景、照片为主，可以表现文字内容，如图 5-5 所示。

图 5-5

3. 动态效果与音乐

除了静态页面外，现在开始流行具有动态效果的页面。单个页面采用动画的形式，要考虑好各个组件的先后快慢，打破原有的沉寂，让页面动起来。同时结合动效可以考虑页面间切换的方式，将默认的左右滑动改为上下滑动或过几秒自动切换到下一页。在浏览引导页的时候，可以试着加入一些与动效节奏相符合的音乐，这会是一种更加新颖的方式，如图 5-6 所示。

图 5-6

5.1.3 总结

1. 文案言简意赅，突出核心

根据爱尔兰哲学家汉密尔顿观察发现的 7±2 效应，一个人的短时记忆至少能回忆出 5 个字，最多回忆 9 个字，即 7±2 个。因此展示的文案要控制在 9 个字以内，超过后用户容易遗忘、出现记忆偏差。如果表达起来困难，可以辅助一小段文字进行解释或补充。因此在最终文案的确定上，要突出重点，多余的文字要尽可能地进行删减。如果文案删减后字数还是过多，则应考虑对文字进行分层，通过空格或逗号或换行的方式进行视觉优化。

精准贴切的文案也十分重要，将专业的术语转换成用户听得懂的语言。尤其对于通过照片来表现主题的引导页设计，文案与照片的吻合度，直接影响到情感传达的效果，如图 5-7 所示。

图 5-7

2. 视觉聚焦

在单个引导页中，信息不宜过多，只阐述一个目的，所有元素都围绕这个目的进行展开。视觉聚焦包括两部分：一是文案的处理，要注意层次，主标题与副标题要形成对比；二是引导页中的界面、场景、文案具象化元素，要有一个视觉聚焦点，多个视觉元素的排布采用中心扩散的方式，聚焦点的视觉面积最大，同时与扩散的元素要拉开对比。这样用户能清晰地看到核心文案信息与文案对应的视觉表现元素。设计时要结合视线流动的规律——从上到下，从左到右，从大到小。因此可以根据这个视线流的规律来进行引导页的设计，如图 5-8 所示。

设计师入门充电站

图 5-8

3. 富于情感化

（1）文案具象化

通过具体的元素、场景来表现文案，采用写实、半写实的方式进行表现，有些应用还会配以水彩风格。以天猫为例，天猫是一款购物应用，在设计上通过商场、店铺的实际场景具体描绘，渲染轻松、欢快的购物过程，如图 5-9 所示。

图 5-9

（2）页面动效、页面间交互方式的差异化

之前对于表现方式的归类已经讲到了动画及页面切换方式，如果增加了页面动效，利用页面动效，包括放大、缩小、平移、滚动、弹跳，表现形式更加多样化，会让引导页更有趣，注意力更为集中。

而页面间的切换方式除了传统的卡片左右滑动的方式外，可以结合线条、箭头等进行引导，通常会配合动效。例如网易新闻客户端、印象笔记·食记，它们在引导页的设计上采用了线条作为主线贯穿整个引导页面，小圆点显示当前的浏览进度，滑动的过程中有滚动视差的效果。

4. 与产品、公司基调相一致

引导页在视觉风格与氛围的营造上要与该产品、公司形象相一致，这样在用户还未使用具

体产品前就给产品定下一个对应的基调。产品的特性决定了引导页的风格，产品是消费类、娱乐类、工具类还是其他，根据不同的产品特性决定引导页是走轻松娱乐、小清新路线，还是采用规整、趣味性的风格，在最终的表现形式上也就会有完全不同的展现，是插图、界面、动画还是其他。如淘宝的娱乐、豆瓣的清新文艺、百度的工具、蝉游记的休闲等，通过对比就能发现它们在引导页设计上的差异。

这样一方面有利于产品一脉相承，与产品使用体验相一致，另一方面也会进一步强化公司的形象。

引导页的设计上通过趣味性，甚至有点搞怪的动作与表情来表现这样一款有趣、欢乐多的产品，如图 5-10 所示。

图 5-10

引导页的主色选用了与自身品牌的颜色相一致的黄色，在公司产品系统性上保持高度的一致性，如图 5-11 所示。

图 5-11

想做好引导页的设计，在理解用户对引导页需求的基础上，应怀揣热爱产品的情怀，依靠精致的布局、巧妙的构思、贴切的氛围渲染，再加一点点特色。当然光讲理念是枯燥的，还需要设计师在具体的设计中不断实践，总结出新的观点与方法，探索出别具一格的引导页设计方案。

5.1.4 设计"pets love"引导页

下面来设计我们"pets love"的引导页。

1. 需求理解

首先我们搞清楚 pets love 引导页属于推广类。推广类引导页除了有一些产品功能的介绍外，更多的是想传达产品的态度，让用户更明白这个产品的情怀，并考虑与整个产品风格、公司形象相一致。

表现方式，我们选择文字和插图相组合的形式。插图多具象，以使用场景、照片为主，来表现文字内容。搞清楚这些之后，我们就开始创意设计了。在创意设计过程中要注意：

➢ 文案言简意赅，突出核心。

➢ 视觉聚焦。

➢ 富于情感化。

➢ 与产品、公司基调相一致。

2. 素材收集

我们在明确需求之后，就要搜集资料啦。一般资料有图片资料和文字资料。图片，我们可以通过百度找到三张跟我们风格定位差不多的图片，如图 5-12 所示。

图 5-12

文字资料除了产品名称之外，那就是产品的功能：Pet store, toy, cat food, dog food…

3. 头脑风暴和创意设计

前期准备工作充分之后，我们经过头脑风暴和创意设计。

艰苦的历程就不一一跟大家描述啦。我们直接上设计稿 3 张，如图 5-13 所示。

图 5-13

4. 设计步骤展开

下面讲一讲怎么绘制这些设计稿。

（1）首先，执行"文件"→"新建"命令，新建画布，参数设为：宽度 1242px，高度 2208px，分辨率 72，背景设为白色 #ffffff，如图 5-14 所示。

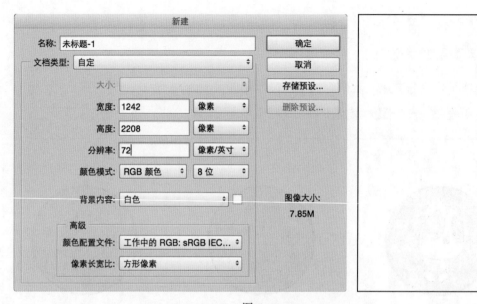

图 5-14

（2）单击"确定"按钮后得到新画布，使用 Ctrl+S 快捷键保存名字为引导页 01。下面我们来绘制三张插图来解释我们 APP 的商城功能和品牌的形象。新建一个图层，并命名为圆。使用椭圆工具，单击画布创建一个宽度 784px、高度 784px 的正圆形，如图 5-15 所示。

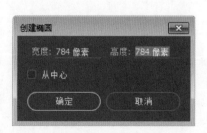

图 5-15

（3）使用吸管工具选择图片猫身上亮的黄色：#ffaa1d，回到画布再单击创建图层并填充颜色：#ffaa1d，如图 5-16 所示。

图 5-16

（4）新建一个图层，命名为大圆。使用椭圆工具，单击画布创建一个宽 784px、高 784px 的正圆形，颜色为 #631a25，如图 5-17 所示。

图 5-17

（5）按住 Shift 键不放选中两个图层，使用移动工具，使两个圆上下、左右对齐，如图 5-18 所示。

图 5-18

（6）在图层圆之上把猫的素材拖入到画布当中，按 Ctrl+T 快捷键进行自由变换，同时按住 Alt+Shift 组合键进行缩小，如图 5-19 所示。

设计师入门充电站

图 5-19

（7）选择魔棒工具，同时按住 Shift 键，选中猫图片的白色区域，再按 Delete 键去掉白色底色，如图 5-20 所示。

图 5-20

（8）按 Ctrl+D 快捷键消除选区，再按住 Alt 键不放，把鼠标移到图层猫和图层圆中间，会出现图 5-20 所示中的符号，调整后的效果如图 5-21 所示。

图 5-21

（9）单击中间位置，出现图层蒙版。按 Ctrl+T 快捷键进行自由变换，同时按住 Alt+Shift 组合键进行大小调整。素材猫就可以任意在圆里移动了，然后利用移动工具将其调整至合适位置，如图 5-22 所示。

图 5-22

（10）使用文字工具，在窗口栏里找到"字符"面板。大小设置为 120 点，颜色黑色。输入文字"pets love"，在"字符"面板里设置文字为"大写"。再输入"Pet store, toy, cat food, dog food…"大小为 54 点，颜色为黑色。选择文字图层，通过鼠标或者上下左右方向键调整文字到合适位置，如图 5-23 所示。

（11）第一张引导页可以大工告成啦！如图 5-24 所示。

设计师入门充电站

图 5-23

图 5-24

092

（12）另存为引导页_2文件。我们拖入素材狗的图片，命名为图层狗，如图5-25所示。

图 5-25

（13）选中图层猫，将之拖入垃圾桶，删除图层。按住 Alt 键，把鼠标移到图层猫和图层圆中间，创建图层蒙版。按Ctrl+T快捷键进行自由变换，同时按住Alt+Shift组合键进行缩小。双击图层圆红色圆点，把黄色更改为#da251c，如图5-26所示。

第1现场

UI设计
跟我学

设计师入门充电站

图 5-26

（14）第二张引导页也大工告成啦，如图 5-27 所示。

（15）另存为引导页 _3 文件。我们再拖入第三张素材，命名为猫狗图层，如图 5-28 所示。

图 5-27

图 5-28

（16）选中猫狗图层，再右键单击，在弹出的快捷菜单中选择"栅格化图层"。对图层进行栅格化操作，栅格化图层操作之后，图层外观前后有细微变化，如图5-29所示。

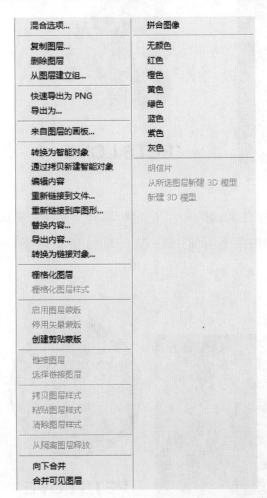

图5-29

（17）选择魔棒工具，再选择猫狗图层。按住Shift键，选中白色底，如图5-30所示。

第1现场

UI 设计
跟我学

设计师入门充电站

图 5-30

（18）按 Delete 键，删除白色底色。按住 Alt 键不放，把鼠标移到图层猫和图层圆中间，创建图层蒙版。按 Ctrl+T 快捷键进行自由变换，同时按住 Alt+Shift 组合键进行缩小，如图 5-31 所示。

图 5-31

（19）双击图层圆红色圆点，把红色更改为 #0ed438。双击大圆，将其颜色改为黑色，如图 5-32 所示。

图 5-32

（20）获得一个绿色圆黑色边的效果。按 Ctrl+U 快捷键，调整猫狗图层的饱和度，饱和度值为 +37。这个根据个人喜好来调整，如图 5-33 所示。

设计师入门充电站

PETS LOVE

Pet store, toy, cat food, dog food...

PETS LOVE

Pet store, toy, cat food, dog food...

图 5-33

（21）选择猫狗图层，为其添加描边效果，大小设为 8px，颜色为黑色，如图 5-34 所示。

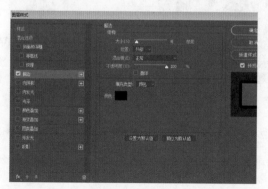

PETS LOVE

Pet store, toy, cat food, dog food...

图 5-34

（22）第三张引导页图片完成，如图 5-35 所示。

图 5-35

💡 总结

　　酷炫的引导页设计需要 UI 设计师对设计的产品有足够的了解，除了产品功能、产品使用方法、品牌形象等，我们还要充分了解产品所在行业属性及流行的样式。所谓知己知彼，才能更好地认识产品。

5.2 不可轻视的登录注册

第i现场

设计师入门充电站

◉相关阅读

微信扫码阅读

简洁大气
登录页面

登录页面的内容虽然很少，但是作为一款 APP 的开门前的第一把锁，能够极大地影响用户对一款 APP 的印象。登录和注册属于相关联的需求，所以登录和注册页面通常会整合成一个页面，如图 5-36 所示。

图 5-36

登录页面可以根据产品定位给予配底图，更能与产品本身相呼应，如图 5-37 所示。

图 5-37

5.2.1 设计登录注册页

下面来设计我们的登录注册页。

1. 需求理解

pets love 登录注册页在使用体验上属于相关联体验。视觉体验上可以根据产品来配底图。除了这些信息之外，我们还需要关注品牌体验和内容体验。

品牌体验上我们遵循做引导页的品牌体验思路。登录注册页的主题色应该保持与主色调绿色一致。其次在图片的选区要符合产品的属性和个性。

内容体验考虑受众群体快速直接的生活态度，所以页面呈现的内容力求精简，方便易用，如图 5-38 所示。

第i现场

UI 设计
跟我学

设计师入门充电站

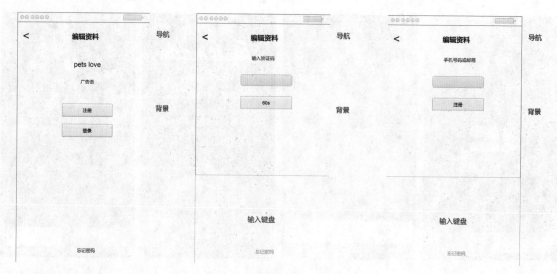

图 5–38

2. 交互体验分析

（1）用户进入登录注册页面，单击"注册"按钮。

（2）进入输入手机号码页面，输入手机号，确认单击"下一步"。

（3）获取验证码，输入验证码，确认单击"下一步"。

（4）输入密码，确认密码，完成注册。

（5）进入个人中心。

3. 素材搜集

搞清楚了以上信息我们开始整理文字资料和图片资料

➤ 产品名称：pets love。

➤ 广告语：只为少部分人存在，只有少数人能拥有。

➤ 字段信息：注册、登录、忘记密码、手机号、验证码、密码，图片资料，如图 5-39 所示。

图 5-39

4. 头脑风暴和创意设计

准备工作充分完成之后，我们需要经过头脑风暴和创意设计。艰苦的历程在这里就不一一跟大家描述啦。我们直接上设计稿，如图 5-40 所示。

图 5-40

103

5.2.2 绘制登录注册页的设计稿

下面我们看看登录注册页的设计稿绘制过程。

打开确认的原型设计稿，如图 5-41 所示。

（1）首先，选择"文件"→"新建"命令，新建画布，参数设为：宽度 1242px，高度 2208px，分辨率 72，背景设为白色 #ffffff，名称为：注册页 -1，如图 5-42 所示。

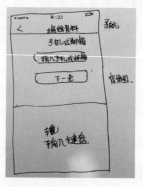

图 5-41

图 5-42

（2）根据 iPhone 6 Plus 官方规定，我们先使用矩形工具创建一个状态栏，宽度为 1242px、高度为 60px、颜色为 #2a2a2a。再绘制状态栏上的图标。这些是由苹果官方声称 的。设计的时候我们可以自己绘制，也可以通过网上搜图截取过来使用。根据 iPhone 6 Plus 官方规定，我们先使用矩形工具创建一个状态栏，宽度为 1242px、高度为 132px、颜色为 #2a2a2a，如图 5-43 所示。

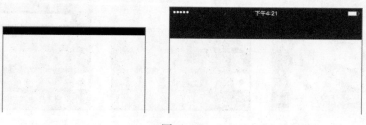

图 5-43

（3）使用文字工具输入文字：编辑资料，在窗口里找到"字符"面板并打开。文字大小为 54 点，颜色为白色，如图 5-44 所示。

（4）拖入一个之前做完的 icon 图标放入导航栏的左侧。再拖入背景图素材。按 Ctrl+T 快捷键进行自由变换，同时按住 Alt+Shift 组合键进行缩小，如图 5-45 所示。

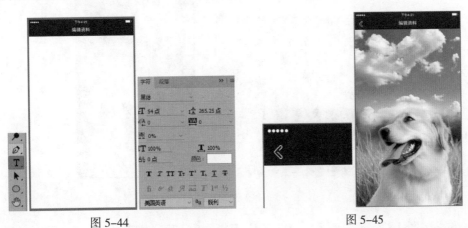

图 5-44 　　　　　　　　　　　　　　图 5-45

（5）选择"图像"→"调整"→"黑白"，打开"黑白"对话框。单击"确定"按钮，获得黑白背景，如图 5-46 所示。

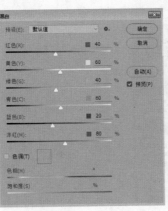

图 5-46

（6）复制背景。可以直接选中背景图层再将之拖动到"创建新图层"按钮上。放开鼠标，即可获得"背景拷贝"图层。在"背景拷贝"图层上使用套索工具，选中蓝天部分，如图5-47所示。

第1现场

UI
设计
跟我学

设计师入门充电站

图 5-47

（7）选择"滤镜"→"模糊"→"高斯模糊"，打开"高斯模糊"对话框。半径设为35px。单击"确定"按钮。按 Ctrl+D 快捷键取消选区，如图 5-48 所示。

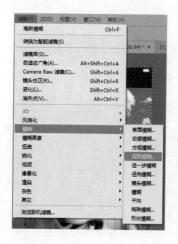
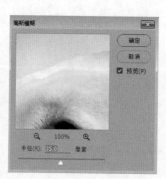

图 5-48

106

（8）按 Ctrl+L 快捷键打开"色阶"面板，设置中间数值为 0.70，单击"确定"按钮，如图 5-49 所示。

图 5-49

（9）使用文字工具输入"PETS LOVE"。字体微软雅黑，大小 72 点。使用文字工具输入"只为少部分人存在　只有少数人能拥有"。字体微软雅黑，大小 44 点，如图 5-50 所示。

图 5-50

（10）使用文字工具输入"注册"、"登录"。字体微软雅黑，大小为 60 点。使用文字工具输入"注册"、"登录"。字体微软雅黑，大小 44 点，如图 5-51 所示。

设计师入门充电站

图 5-51

（11）创建一个圆角矩形，宽 800px、高 120px、圆角为 60px、颜色为 #0ed438。复制圆角矩形新建一层，如图 5-52 所示。

图 5-52

（12）双击新图层缩略图小窗口，弹出"拾色器"对话框，选取颜色为白色，如图 5-53 所示。

图 5-53

（13）按住 Shift 键不放，创建正方圆角矩形。松开 Shift 键拉出一个圆角矩形，宽 790px、高 110px、圆角为 60px，如图 5-54 所示。

（14）使用路径选择工具，放大画布，再使用上下左右方向键微调，如图 5-55 所示。

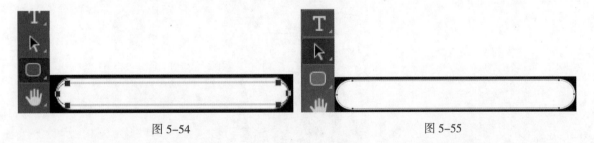

图 5-54   图 5-55

（15）打开"属性"面板，单击"裁切"图标，得到 3px 白色圆角矩形线框。使用移动工具，调整各个元素的位置至合适。登录注册页完成，如图 5-56 所示。

109

图 5-56

（16）下面我们来完成注册页面输入手机号码页面设计。打开确认的原型设计稿，如图 5-57 所示。

图 5-57

（17）打开注册页 -1 再另存为注册页 -2。为保证使用时位置一致，我们模拟一个键盘。

键盘可以通过网上搜图获得。把注册页 -1PSD 文件里的按钮拖到注册页 -2 上，如图 5-58 所示。

（18）使用文字工具，输入"手机或邮箱"，字体微软雅黑白色，大小 44 点，如图 5-59 所示。

图 5-58

图 5-59

（19）使用文字工具，输入"输入手机号码"，字体微软雅黑白色，大小 44 点，如图 5-60 所示。

（20）使用文字工具，输入"下一步"，字体微软雅黑白色，大小 60 点。注册页 -2 就制作完成啦，如图 5-61 所示。

第*i*现场

设计师入门充电站

图 5-60

图 5-61

（21）打开确认的原型设计稿，如图 5-62 所示。

图 5-62

（22）把 PSD 文件注册页 -2 另存为注册页 -3。删除文字信息，获得模板页面，如图 5-63 所示。

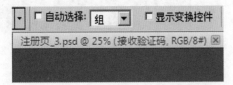

图 5-62

（23）使用文字工具，输入"接收验证码"，字体微软雅黑白色，大小 44 点，如图 5-64 所示。

（24）使用文字工具，输入"60s"，字体微软雅黑白色，大小为 44 点。注册页 -3 完成，如图 5-65 所示。

第i现场

UI
设计
跟我学

设计师入门充电站

图 5-64

图 5-65

 总结

　　注册页面的设计除了在风格上保持与首页风格一致外，我们更需要与产品经理确认登录注册页面的原型设计。充分理解登录注册的交互方式。由于各个产品不同，登录注册时需要用户提交的信息也不同，步骤也有可能不同。相应的，我们设计页面的多少和页面的内容也会不同。设计之前要多看看同行业登录注册页的样式。力求设计一个使用体验好，样式美观、简洁的登录注册页面。

5.3 商城板块设计

商城板块设计，需要对页面信息进行全面完整的考虑。既要考虑用户需求、用户行为，也要考虑信息发布者的目的、目标。

5.3.1 导航栏

导航是界面中的路标，是快捷分流的枢纽中心。现如今为数较多的电商资讯类 APP 都会采用 8 个圆形图标版式。当被趋势潮流带着走迷失的时候，设计师不妨追溯到现实生活、历史发展中去审视本源。导航栏除了体现整体品牌感和个性的展现，最首要的是信息语义传达，用户高效识别，如图 5-66 所示。

图 5-66

5.3.2 九宫格多宝阁

如今电商平台的 APP 界面，大多用到多栏收纳的方式去承载展示信息，引用 metro UI 的灵感，设计理念源自"多宝阁"陈列古玩的清代工艺家具，具备实用收藏功能与陈设审美。

115

"多宝阁"的使用，空间利用寸土寸金。在有限的手机端界面中，分割格子数不宜过多；商品标题大小应适当，保证清晰可见；商品摆放应尽量大气，撑满格子。就如线下的体验，实体店铺里所有的衣服堆积在一处，少了一些尊贵感。相反，精心的收纳，带给顾客优待的购物感受，如图 5-67 所示。

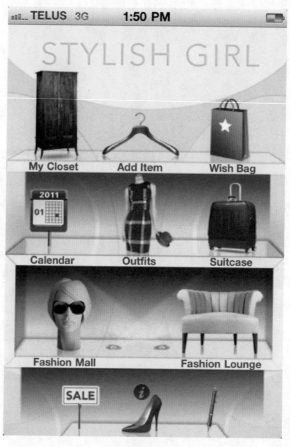

图 5-67

5.3.3 卡片滑动

横向滑动式的卡片越来越多地被应用到界面中，既可充当华丽的分割线，又让用户带着翻卡片的愉悦感。如果卡片的图够吸引人，例如"美丽说"的横向 banner 滑块，好奇心略重的用户对于美好事物的探究，会尝试看看也无妨。一般情况下，建议卡片个数在 5～10 个，如图 5-68 所示。

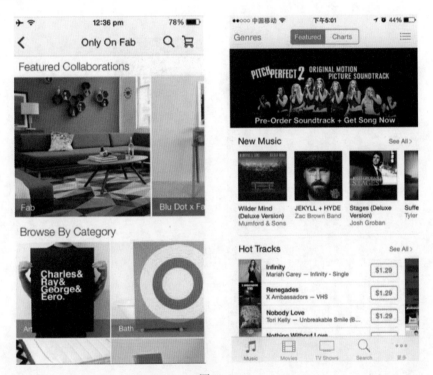

图 5-68

产品设计卡片滑动原则为：如果卡片个数非常多，又希望用户滑完所有卡片，用计数的方式不失为一种方法。卡片个数少的时候，可以用计数方法，个数多时，则可以采用N/M表进度的计数方式，给用户一定的心理预期。滚动卡片的长宽比设计也是有讲究的，比如卡片长度远大于高度时，扁扁的一条会增加用户手势滑动的心理负担，给人以划距过长的错觉，如图 5-69 所示。

第i现场

UI
设计
跟我学

设计师入门充电站

图 5-69

5.3.4 货架

货架除了一些常见的列表模式，在时尚电商的应用 Polyvore 里可以看到一类变体列表，它还原了现实中的货架摆放形态，同时增加了夸张手法，商品的大小被满满地拉大甚至出血排版，这就是平面报刊排版的魅力所在，收放得体，简洁有度，大胆肯定。APP 内展示的商品喜爱收藏、组合拼贴的模块，与时尚杂志一并相得益彰，如图 5-70 所示。

图 5-70

5.3.5 店铺熟悉感，秩序中的纷扰

"双 11"期间的一些 APP 店铺，会适当装点流星式装饰元素，试图打造夜间霓虹灯的视感。抢购活动一般在"双 11"前夕，夜色里光怪陆离让店面更吸引人。除此之外，在有序的卡片瀑布流中，偶尔夹杂几个推荐给用户的专栏或达人，也会特别吸引用户的眼球，如图 5-71 所示。

第1现场

UI 设计
跟我学

设计师入门充电站

图 5-71

5.3.6 灵活组合型

当你发现现有的模式都穷尽的时候，是否创新到了瓶颈；是否再刻意想去创新的时候，会违背设计的本意，简洁优雅的体验初衷？那不妨可以突破一下，来一个混搭组合，它会给你有不一样的重置感。在过去的时间里，APP 中的 banner 广告位大多用于头部的类灯箱 banner、大模块间的隔断 banner、专题瀑布流的 banner。基于流量体验和信息量控制考虑，要尽量少用大图。

而近期我们发现越来越多的电商类 APP，不吝啬使用大面积的 banner 篇幅，敢于把瀑布流的单元格做重。将 banner 与九宫格组合，与滑动卡片组合，每一个组合又成一个单元，形成这一类的瀑布流。

此外，如果你试图使用精心筛选过的位图，围绕一种主题色去布局，也会显得创新又时尚，具有贴心感。不按常理出牌，也是众里博眼球的方法，如图 5-72 所示。

图 5-72

5.3.7 多媒体视听唤共鸣

在过去街区商铺实体经济开枝散叶的年代，人们引入了小额商品通铺统一价的概念，"5

121

元5元全部5元"的广播叫卖声,成为一种标志性的粗暴接地气的营销方式,在70后、80后的回忆里深入人心。

这样的体验搬到虚拟平台上,演化为二手物品的私货转卖语音、店铺老板吐血吆喝,增加真切、真实感,让现实中熟悉的场景再现,声音和语调有它的唯一性,也能成为主人的加分卖点,如图5-73所示。

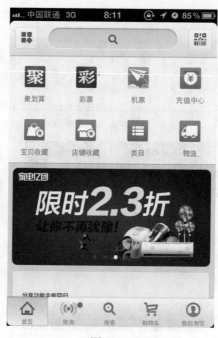

图 5-73

5.3.8 拉皮条的人身在何处?

"美丽说"的 Desire 频道中弹幕的应用,增加了购买场景下的临场感,仿佛和一群人在

122

一起购物。品头论足就差漫天砍价，如图 5-74 所示。

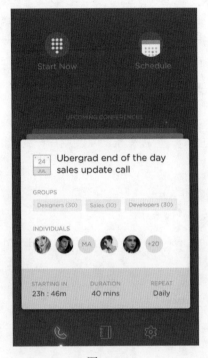

图 5-74

5.3.9 总结设计原则和方法

用户行为的迎合和引导，有一些既有的原则和方法：

（1）公司 / 组织的图标（Logo）在所有页面中都处于同一位置。

（2）用户所需的所有数据内容均按先后次序合理显示。

（3）所有的重要选项都要在主页中显示。

（4）重要条目要始终显示。

123

（5）重要条目要显示在页面的顶端中间位置。

（6）必要的信息要一直显示。

设计师入门充电站

（7）消息、提示、通知等信息均出现在屏幕上用户目光容易找到的地方。

（8）确保二级页面看起来像二级页面（使二级页面有别于主页和其他级页面）。

（9）每个 APP 页面长度要适当。

（10）在长网页上使用可点击的"内容列表"。

（11）专门的导航页面要短小（避免滚屏，以便用户一眼能浏览到所有的导航信息，要有全局观）。

（12）优先使用分页（而非滚屏）。

（13）滚屏不宜太多（最多 4 个整屏）。

（14）需要用户仔细阅读理解文字时，应使用滚屏（而非分页）。

（15）为框架提供标题。

（16）注意主页中面板块的宽度。

（17）将一级导航放置在左侧面板。

（18）避免水平滚屏。

（19）文本区域的周围是否有足够的间隔。

（20）各条目是否合理分列于各逻辑区，并运用标题将各区域进行清晰划分。

5.3.10 打造高效用户体验

一个长页面，用户最多能接受几种模块变换，过多类似的模块出现后，会让人觉得乏味。打造高效的体验和运营丰富化，这两者并不互斥。在信息模块多样穿插的基础上，元素的形式是构成节奏感的必要因素。在排版、图形、色彩的构建阶段，节奏感的打磨，能让信息阅读体验循序渐进、不易疲劳。

1. 选图信息加工艺术

当界面中需要交代更为翔实的内容时，要尽量使用实物图，抽象的图形会拉远与用户的接收反馈进程。用户对于信息的加工，建立在对对象的熟悉程度上。信息具象直接强于信息抽象、熟悉强于未知、人强于物。所以运营化必不可少的事，是把熟悉感强、带有话题感的事物，建立关联，如图 5-75 所示。

图 5-75

2. 图标填充型和线型

一款资讯类 APP 通常层级多，也意味着会有首页和二级页的导航图标，也可能会包含页内小模块入口导航图标。前文提到导航的形式表现非常多样化，对应图形表现的设计初衷也不同。其中影响因素有产品受众用户群范围、品牌形象、功能定位（高效工具或资讯浏览或综合型）；图标的图形构成有颜色、点线面形状、质感几种因素。

在去强品牌化和去强运营后，图标的填充剪影型和线型成为最常见的两种造型手法。但如果以高效为主要目标，填充型和线性两类起到的效果是有差异的。人们的视神经感受图形造型认知，有据可寻。如"完型心理学"中所体现的，肉眼更能第一时间感知到填充型图标，对于线性图标则对视神经的冲击相对较小。线性形态较填充型的复杂，毕竟我们现实中对物品的印象，可以简化为剪影，而线性图标的描绘，是后期艺术的二次描摹加工，如图 5-76 所示。

图 5-76

在同城服务项目过程中，针对头部的导航栏展现方式做了若干尝试，如图 5-77 所示。

126

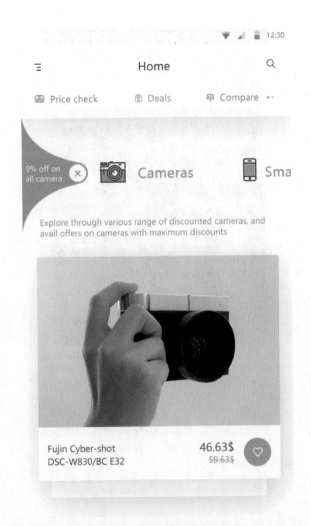

图 5-77

对于综合型的信息平台，导航栏图标以多颜色扁平化方式呈现，较为简洁直观，图形传达信息高效。在调研设计阶段，可以引入对填充型和线性图标导航的测试和反馈，如图 5-78 所示。

第i现场

UI设计
跟我学

设计师入门充电站

图 5-78

3. 颜色用色

有效、适度地运用色彩，能使界面的信息解读更为清晰，用浓墨重彩去装点突出的部分。颜色用色要有余韵，如果每处都是强烈的色彩，恐怕用户会感觉盛情难却，非但没有达到原本目的，可能会吓走本要抓住的目光。如果希望用户关注眼前全盘托出的信息，可以把握一下用色的节奏，少一些冲突多一些和谐。节奏感的巧妙应用，让界面信息更有层次、优雅地呈现，如图 5-79 所示。

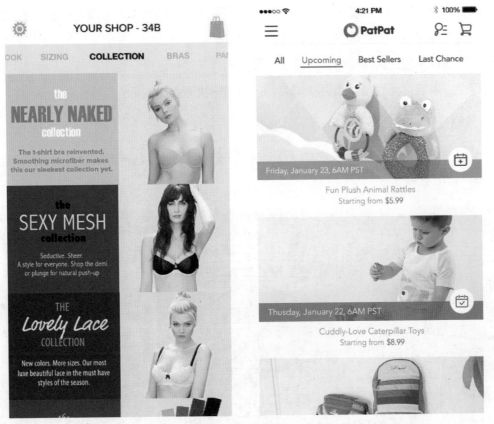

图 5-79

5.3.11 商城板块设计

1. 需求理解

用户从首页单击进入商城页面，需要对商城有一目了然的了解，能快速地找到自己想要的产品（既要考虑新用户，也要考虑老用户），对于平台来说需要快速达成用户购买的目的。让用户感受到产品的好，而且很多，增强客户购买欲。

商城板块视觉设计应保持与首页风格一致，而且又要有区分。相比于商城页面首页，只是作为入口更加简洁。而商城页面更加翔实，方便用户快速查找浏览。

2. 素材搜集

准备好产品图片资料和文字资料以及 icon 的设计源文件，与产品经理沟通确认原型设计稿，如图 5-80 所示。

设计师入门充电站

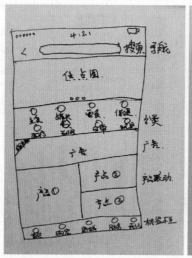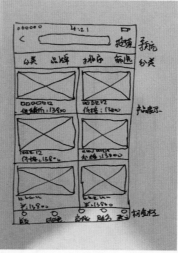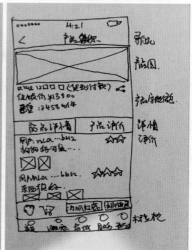

图 5-80

3. 头脑风暴和创意设计

准备工作充分完成之后，我们经过头脑风暴和创意设计。艰苦的历程在这里就不一一跟大家描述啦。我们直接上设计稿，如图 5-81 所示。

图 5-81

4. 设计稿绘制

下面来讲述设计稿的绘制过程，如图 5-82 所示。

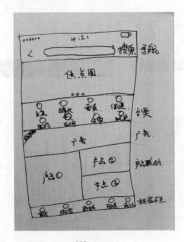

图 5-82

131

（1）打开确认好的原型设计。首先，执行"文件"→"新建"，新建画布，参数：1242px×2208px，分辨率72，背景设为白色 #ffffff，如图 5-83 所示，单击"确定"按钮。

设计师入门充电站

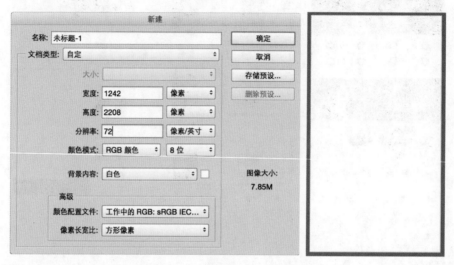

图 5-83

（2）得到一个手机屏幕大小的画布，使用矩形工具创建一个宽度 1242px、高度 60px 的状态栏，颜色为 #2a2a2a，如图 5-84 所示。

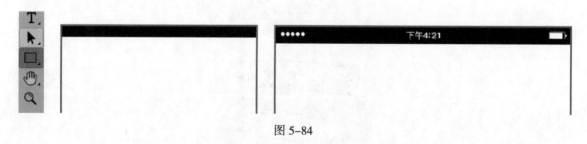

图 5-84

（3）从网络上找一些状态栏素材，并将其拖入到状态栏。当然我们也可以自己动手画，如图 5-85 所示。

（4）使用矩形工具创建一个宽度 1242px、高度 132px 的导航栏，颜色为 #2a2a2a，如图 5-86 所示。

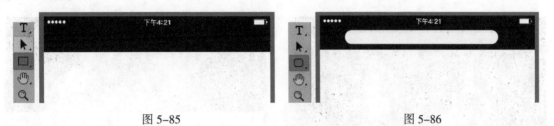

图 5-85　　　　　　　　　　　　　　　　　图 5-86

（5）使用圆角矩形工具创建一个宽度 888px、高度 80px、圆角半径 10px、背景为白色的矩形框。从之前的图标库里拖入一个搜索的图标。在圆角矩形框里输入"搜索狗粮"，字体微软雅黑，颜色为 #696969，大小 44 点，如图 5-87 所示。

图 5-87

（6）在圆角矩形框后边输入"搜索"，字体微软雅黑，颜色白色，大小 44 点，加粗字体。在图标库里把返回图标放进来。位置与其他页面位置相同，如图 5-88 所示。

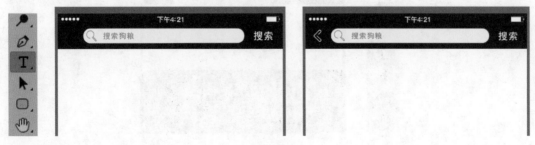

图 5-88

133

（7）把之前已经设计好的焦点图拖到画布中，焦点图宽度 1242px，高度 540px，如图 5-89 所示。

设计师入门充电站

图 5-89

（8）把之前已经设计好的焦点图拖到画布中，每个图标大小为 84px×84px。然后使用文字工具输入文字，字体微软雅黑，颜色为 #696969，大小 44 点，如图 5-90 所示。

图 5-90

134

（9）把之前做的广告拖入画布，高度设置为 390px。用矩形选区工具把广告下面的部分全部框选，如图 5-91 所示。

图 5-91

（10）新建一层并命名为背景浅灰，填充灰色 #d1d1d1。使用矩形工具创建宽度 1242px、高度 146px，颜色为白色的矩形，如图 5-92 所示。

图 5-92

（11）把已做好的标签栏图标拖到画布中，再输入标签栏的栏目名称，字体微软雅黑，大小 44 点，颜色为 #696969。新建一层，设置其背景为白色，上下左右边距都相等，如图 5-93 所示。

设计师入门充电站

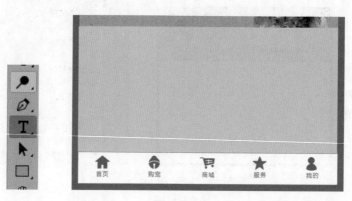

图 5-93

（12）填充为白色，使用矩形选区工具，画 2px 的细线分割白色背景，线的颜色为 #d1d1d1，如图 5-93 所示。拖入产品图片，使用 Ctrl+T 快捷键调整图片至合适大小，如图 5-94 所示。

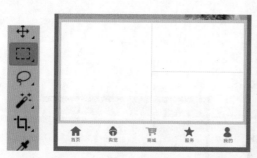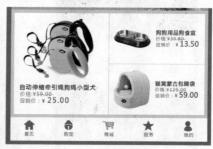

图 5-94

（13）使用文字工具输入产品名称，字体微软雅黑，大小 42 点，颜色 #696969。再次输入价格、促销价，字体大小 30 点，颜色为 #797979。最后输入价格，字体大小 48 点，颜色

#ff4200，如图 5-95 所示。商城首页就制作完成啦！

图 5-95

（14）接着我们要制作商城列表页面。打开确认好的产品原型列表页，如图 5-96 所示。

（15）把商城首页另存为商城列表页，使用移动工具把画布不需要的元素删除掉，得到一个模板，如图 5-97 所示。

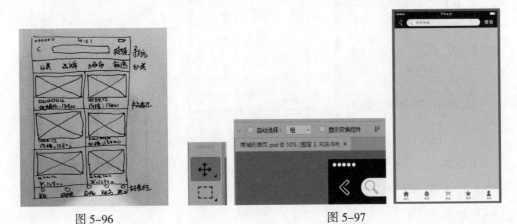

图 5-96   图 5-97

（16）使用矩形工具创建一个宽度 1242px、高度 98px，背景为白色的矩形。然后输入文字：分类、品牌、排序、筛选，如图 5-98 所示。

设计师入门充电站

图 5-98

（17）新建一个白色背景图层，利用矩形选区工具框选，使用 Ctrl+T 组合键调整白色背景至大小合适，使其四周边距相等，如图 5-99 所示。

图 5-99

（18）使用矩形工具创建一个宽度 2px，高度与白色背景相等，颜色为 #d1d1d1 的矩形。通过简单计算，白色背景边距为 20px、白色背景宽度为 1202px，得出方形产品的区域为 600px×600px，如图 5-100 所示。

（19）我们拖入产品图片，并使用 Ctrl+T 快捷键将其调整至合适大小。使用文字工具输入产品名称，字体微软雅黑，大小 42 点，颜色 #696969。再次输入价格、促销价，字体大小 30 点，颜色为 #797979。最后输入价格，字体大小 48 点，颜色 #ff4200。商城列表页面就完成啦！如图 5-101 所示。

图 5-100　　　　　　　　　　　　　　　图 5-101

（20）打开确认好的原型设计稿。把商城列表页面另存为产品详情页。根据原型设计稿删除多余元素，如图 5-102 所示。

设计师入门充电站

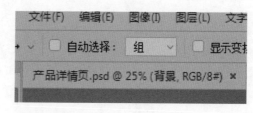

图 5-102

（21）得到空白编辑模板。使用矩形选区工具，创建宽度 1242px、高度 878px，背景为白色的矩形。拖入一张宠物图片，宽度 1242px、高度 564px，如图 5-103 所示。

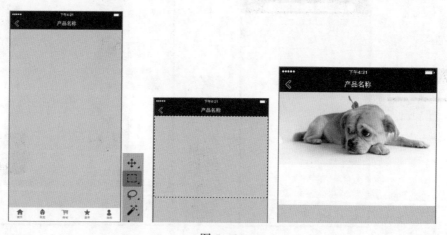

图 5-103

（22）使用文字工具输入"产品名称"，字体微软雅黑，大小 42 点，颜色 #696969。再次输入价格、促销价，字体大小 30 点，颜色为 #797979。最后输入价格，字体大小 48 点，

颜色 #ff4200。文字"已售"字体大小为 36 点，颜色 #adadad。拖入图标，按 Ctrl+T 快捷键调整其大小至合适，如图 5-104 所示。

图 5-104

（23）使用矩形工具创建宽度 1242px、高度为 98px，背景为白色的矩形。按 Ctrl+J 快捷键复制一层，如图 5-105 所示。

图 5-105

141

（24）在矩形选区创建一个矩形，宽度为 1242px、高度为 146px，距离标签栏为 2px。从库里拖入图标，按 Ctrl+T 快捷键调整至合适大小，如图 5-106 所示。

第1现场

设计师入门充电站

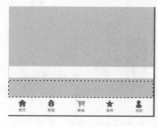

图 5-106

（25）使用文字工具输入信息，字体微软雅黑，最大字体为 44 点，最小字体为 36 点，颜色 #696969，最浅灰色 #a4a4a4。详情页制作就完成啦！如图 5-107 所示。

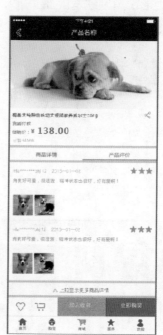

图 5-107

142

总结

在页面设计时要尽量规避中规中矩或片面地去对待一个业务形态，任何一个产品，你希望呈现给用户什么，实际你就是那么做了，并且传达给用户如是的信息，并不会无中生有。产品设计师需要用开放的心态精心布局，用户在体验时是能感受到的，这就是产品体验的微妙所在。在无解说或者强引导的情境下，用户会依据他接收到的信息，按照你事先预期的意志又或者相违背地去完成接下去一系列的操作。即使是综合型信息的平台，或者以高效为目的的黄页，丰富化的信息呈现，做好节奏感和信息层级的轻重缓急，只会给用户更舒心愉悦的随性体验。

5.4 用户板块设计

5.4.1 常见布局分类

上一节我们讲到商城板块设计，那么这节我们将介绍用户中心即用户板块设计。用户中心在 APP 中必须要有，因为用户中心是用户行为记录的汇集点。

电商个人中心排版方式有很多，我们以头像设计形式来看看几种常见的版式。

（1）头像居左，个人信息居右，如图 5-108 所示。

第ⅰ现场

设计师入门充电站

图 5-108

（2）头像居中，显示大背景图，如图 5-109 所示。

图 5-109

图 5-109（续）

设计师入门充电站

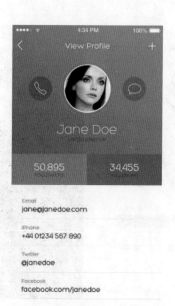

图 5-109（续）

146

（3）页面极具个性，如图 5-110 所示。

图 5-110

5.4.2 用户中心板块怎么设计?

设计师入门充电站

1. 需求理解

个人中心有很多结构,一般都具有以下信息:

➤ 头像账号

➤ 余额积分展示

➤ 个人资料修改

➤ 设置:隐私设置、清除缓存、退出当前账号、消息提醒

➤ 分享二维码

➤ 意见反馈

➤ 使用说明

➤ 服务条款

➤ 关于我们

(以上为通用)

[商城类]APP 中还含有以下信息:

➤ 我的订单(全部订单、待评价、待付款、待收货……)

➤ 我的收藏(收藏的店铺、收藏的商品)

➤ 余额、充值、积分、提现

➤ 我的优惠券

➤ 地址管理——地址修改、删除、新增

[功能类、服务购买类]APP 中含有以下信息:

➤ 偏重数据资料——账号 / 支付账号密码管理

➤ 偏重营销——积分商城、分销佣金

➤ 偏重展示——资料上传

我们在了解这些信息的基础上，再去和产品经理沟通，确认原型的设计。

设计风格应保持和主页一致。颜色和选图，我们在商城板块设计讲过，其设置原则和方法是一致的。

2. 素材搜集

整理完这些，我们就可以开始设计啦！创意部分我们省略，这里可以分享些经验。设计的时候一定要多动脑，弄清楚别人的页面版式为什么要那样设计，设计的想法一定要和产品经理和技术人员多沟通，避免犯错误。不多说啦，我们直接上设计稿，如图 5-111 所示。

图 5-111

3. 绘制过程

（1）打开原型设计草图。这里我们打开商城页面列表页并另存为个人中心，得到模板页面，如图 5-112 所示。

第i现场

设计师入门充电站

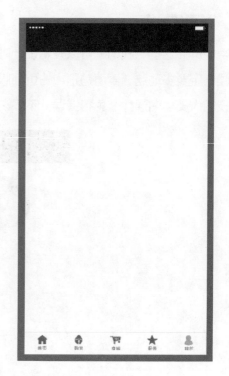

图 5-112

（2）使用文字工具输入文字，字体微软雅黑，大小 54 点，颜色为白色。使用矩形选区工具，创建一条宽度 1242px、高度 2px 的线，颜色 #d1d1d1，如图 5-113 所示。

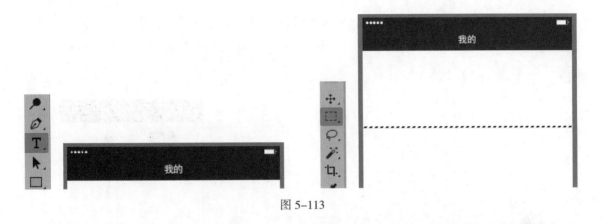

图 5-113

（3）拖入准备好的照片，再创建一个远程的图层蒙版，按 Ctrl+T 快捷键将它调整至合适大小，摆放到理想位置。输入个人名称和宠物信息名称，字体微软雅黑，大小 44 点，颜色 #696969，小字大小为 42 点，如图 5-114 所示。

图 5-114

151

（4）拖入准备好的图标，按 Ctrl+T 快捷键调整其大小至合适，输入文字信息。字体微软雅黑，大小 44 点，颜色 #696969。一个简洁的个人中心页面就制作完成啦！如图 5-115 所示。

设计师入门充电站

图 5-115

5.5 服务板块设计

在 5.3 节中详细讲解了商城板块设计 8 种布局、22 条用户行为的迎合和引导、选图信息加工艺术、填充型和线性图标、颜色用色。这些在服务板块设计是通用的，只是商城展示的是具体产品，服务板块展示的是服务。

1. 需求理解

服务板块是产品设计中不可或缺的一部分。设计时重点要把握主页、商城、服务设计的尺度，风格设计保持与主页一致。

2. 素材搜集

整理完这些，我们就可以开始设计啦。我们直接上设计稿，如图 5-116 所示。

（1）打开确认好的原型设计稿，把商城列表页打开

图 5-116

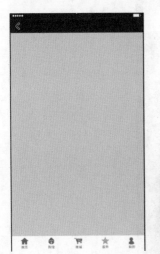

图 5-117

并另存为服务列表页，使用文字工具输入导航标题，如图 5-117 所示。

（2）拖入图标到画布，按 Ctrl+T 快捷键调整其大小至合适。使用矩形选取工具创建宽度为 1242px、高度为 78px 的矩形，背景白色，如图 5-118 所示。

设计师入门充电站

图 5-118

（3）输入文字，字体微软雅黑，大小 44 点，颜色 #696969，再拖入事先做好的小图标。我们也可以使用自定形状工具直接绘制，如图 5-119 所示。

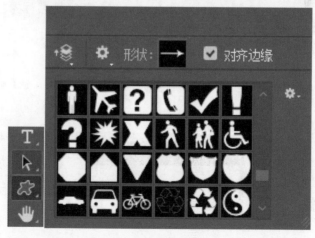

图 5-119

154

（4）创建矩形选区宽度 1242px，高度 674px，背景白色。接下来开始排列产品，拖入一张产品图片。创建一个矩形工具图层蒙版，宽度 422px，高度 250px，如图 5-120 所示。

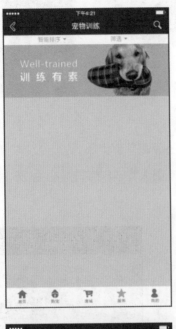

图 5-120

（5）把图片覆盖图层蒙版灰色，按住 Alt 键，创建图层蒙版。产品图片就处理好啦，如图 5-121 所示。

设计师入门充电站

图 5-121

（6）从库中把图标拖到画布中，按 Ctrl+T 快捷键调整其大小，输入文字，颜色 #696969，标题最大为 42 点，最小为 30 点。红色 #ff4200，最大为 48 点，最小为 30 点，如图 5-122 所示。

图 5-122

156

依次复制三个产品区，并移动至合适位置，再替换下宠物图片和文字，列表页就完成啦。

 总结

在一个产品中不同板块有不同的需求，设计师要动脑思考。在设计的时候，要使用不同的版式，或者不同的颜色等方式来区分，给予用户不同的体验。最终让整个产品设计获得最佳体验。

05

超多的功能页面

经过 pets love 项目的制作讲解，下面将带领大家做图标设计，这是非常好玩的呦，画好一个图标也是非常有成就感的。

设计师入门充电站

图标创意可以先从手绘稿开始，在纸上设计可以方便修改创意和想法，确定之后再用电脑设计

当然，所有图标设计的灵感都来自于生活，都是我们日常所见的事物的提炼。在这里给大家介绍两种设计方法。

6.1 图标设计流行趋势

近几年图标的流行趋势变化很快，大家的审美、欣赏水平也不断地变化，"扁平化"风格早在多年前就是非常流行的设计领域，而今又卷土重来。自苹果公司发布 iOS7 Beta 版之后，"扁平化设计"便成了设计师口中常谈的话题。拟物化图标则渐渐地淡出舞台，不过我相信它还是会回来的。

何谓扁平化设计？

扁平化设计是指抛弃那些已经流行多年的渐变、阴影、高光等拟真视觉效果，如图 6-1 所示，从而打造出一种看上去更"简单"的样子。扁平风格的一个优势就在于它可以更加简单直白地将信息和事物的工作方式展现出来，从而减少认知障碍。

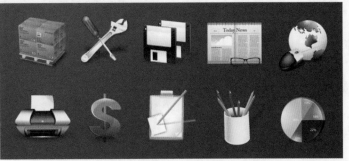

图 6-1

扁平化设计更简约，条理更清晰，最重要的一点是，适应性更好，如图 6-2 所示。

◎相关阅读

微信扫码阅读

2017 年 Logo
设计的流行趋势

161

图 6–2

6.2 图标类型

　　图标的造型元素只有典型的两种，一种是面，另一种是线。通过运用这两种基础的设计元素可以进行多种组合。而且，在图标设计上，形状的设计是最主要的，其次才是色彩。因为，如果形状塑造不好的话，无论色彩如何营造都对整体风格没有帮助，所以我们将形状的设计放在首位。

6.2.1 线性剪影图标

    线性图标显得简约而不简单，那些精致而繁多的细节让线稿显得复杂，去繁就简，就是进步。虽然线性图标已经画好，但我们仍然认为有改动的空间，这些描线图标是好看又好玩儿的结合体，而且制作和应用的过程中也同样有趣。它们形式多样，但却有统一的风格，如图 6-3～图 6-5 所示。

图 6-3

👁 相关阅读

微信扫码阅读

剪影图标设计法

图 6-4

图 6-5

线性图标有负形图标、正形图标两类。负形图标是以线绘制的图形，高度的轮廓概括，就

164

跟画骨骼一样要求精准到位，也叫线形图标。负形剪影是所有图标中最讲究、也最难表达的一种风格，如果画不好就很容易显得俗气和简陋。负形图标如图 6-6 所示。负形图标的优点为：轻表达却具有设计感，更有想象力与拓展性。

正形图标是以面绘制的图形，也有和线综合表现的情况，自己可以根据需要进行创作。通常与负形图标之间做当前状态的转换，在手机 Tab 上最常见，如 iOS7。正形图标如图 6-7 所示。正形图标的优点为：由于面积占比大，视觉注意力比负形图标更有强度，容易处理视觉平衡，使用率高。

图 6-6

图 6-7

6.2.2 折叠图形

试想一下，有人要求你仅仅用一长条纸或是一张白纸设计一个图标。这些准折纸风格的设计展现出一种立体感，似乎传递一种灵巧、干练的信息。营造这种风格的材质可以是透明胶片、金属以及纸张。我们可以分析图形的轮廓走向，在图形的结尾或者转角处做局部折叠处理，通过一些微渐变和投影的配合，让观者感受图形折纸风格应用的魅力，如图 6-8 所示。

图 6-8

165

6.2.3 局部提取

第¡现场

UI 设计
跟我学

设计师入门充电站

在图标设计中，当图片比例或是尺寸比较大，不适合在图标的正方形展示全部时，可提取局部的特征，或者具有代表性的元素进行设计，更形象直接地传达意义，如图6-9所示。

图 6-9

6.2.4 正负形组合

正负形、虚实形的综合互动不仅能提高图标的信息承载能力和表达功能，在视觉上更具有强烈的错视感和冲击力，还能丰富图标的表现力。

使用正负形组合设计图标，设计师需要掌握以下要点：

➤ 适形——『以形换形、置换形象。以原始形态或新创造的基本形态为基础，在不破坏原始形态的情况下，在虚空间中以适形的方式添加新的、其他形象的内容，使图形更生动、趣味性更浓，含义更丰富。』

➤ 合璧——『图文并茂，相合成趣。设计者在寻找和发现同形、同构的可能性，并保持各自的可读性、识别性。』

➤ 共形——『笔画共享，合而为一。形相容，方能意相联。是貌合神离，还是形神兼备取决

166

于形合意合，情投意合。』

➤ **重构——**『打破拆解，裁剪新组。破常以求变，出新意、得新形。通过各个部分的串联和联想，使人感悟其整体之意。』

➤ **装饰等表现手法——**『通过巧妙安排，精心布置，实现创意、创新之目的。』

一个图形一般有图案部分及衬托图案部分的两个形。属于图案的部分一般称为"图"，也叫"正形"；而衬托图案的部分称为"地"，也就是"负形"。在"图"和"地"分开的图中，"图"和"地"是相互衬托的关系。"图"和"地"可共用一条轮廓线，相互依存，也可以相互转换、互借，如图 6-10 所示。

图 6-10

6.2.5 色块拼接

把图标分割成有规律的块状，并填充颜色。颜色排布有一定规律和顺序，可按照色轮方向排布。形态结构的相似、相像，色彩与色彩之间的关联是色块拼接的基础，使图标产生了形合意合、情投意合的视觉感受，如图 6-11 所示。

167

第i现场

设计师入门充电站

图 6-11

6.2.6 透明渐变

一些图标设计预示着未来图标渐变设计的趋向，如动态化渐变、像素化透明渐变、涂鸦式透明渐变、图像透叠填充透明渐变表现等，使当代图标设计突破单纯的二维平面，追求虚拟空间存在方式，并在数字虚拟视觉领域积极应用，体现了最前沿的数码设计理念。像素化透明渐变表现手法通过色彩的交融及留白勾勒出特定形状和边缘，用各种形状的色块拼贴方法设计图标，把世界万物都归结到几个小色块中，由它们讲述图标的数字血统，如图 6-12 所示。

图 6-12

168

6.2.7 图形复用

在设计中对已经设计好的主体图形，进行复制，通过透明度或者大小变化，排列到背景层，从而创造出一种图形阵列之美，给人一种近大远小虚实相间的立体感觉，如图 6-13 所示。

图 6-13

6.2.8 背景组合

当设计的主体图形过于单调的时候，可以考虑对背景进行设计。背景设计是不拘一格的，可以选用和主题相关的图案元素，也可以选用常见的有规律的条纹或图形拼接，背景组合设计更多元化，更加开阔，更加富有感染力与活力，如图 6-14 所示。

图 6-14

6.3 千万别在图标的规范上出问题

第i现场

UI
设计
跟我学

设计师入门充电站

前面介绍了如何设计图标，但是这些图标怎样才能在手机系统上完美呈现呢？我一直思考这样的问题，如：图标尺寸是多大？多大的圆角是合适的？分辨率怎么设置？

以下内容都是我在做 APP 宠物有家时通过项目分析得来的，希望对大家有所帮助，也必须知道有时个别情况也要进行特别分析，要活学活用。

6.3.1 iOS 图标规范

通常采取做大不做小的设计策略，做大尺寸的图标，然后通过缩放得到相应小尺寸的图标，如图 6-15 所示。

设备	逻辑分辨率	像素倍率	物理分辨率	PPI
iPhone 6 Plus	414×736	@3x	1242px×2208px	401
iPhone 6	375×667	@2x	750px×1334px	326
iPhone5-5C-5S	320×568	@2x	640px×1136px	326
iPhone 4-4S	320×480	@2x	640px×960px	326
iPhone & iPod-Touch 第一代、第二代、第三代	320×480	@1x	320px×480px	163

图 6-15

170

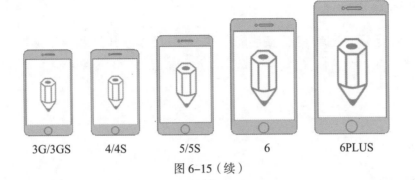

3G/3GS	4/4S	5/5S	6	6PLUS

图 6-15（续）

以宠物有家图标标准在 iPhone 6 为例介绍如下。

1. APP 图标

APP 图标指应用图标，图标的尺寸为 120px×120px。如果是游戏应用，这个图标也会被用在 Game Center 中。由于 iOS 应用图标是由系统统一生成圆角的，所以设计的时候根据需要做出圆角展示使用，实际操作中只要出方形图标即可，如图 6-16 所示。图 6-17 为 iOS 图标圆角半径尺寸。

图 6-16

图标尺寸 px	圆角半径尺寸（px）
57×57	10
114×114	20
120×120	22
180×180	34
521×512	90
1024×1024	180

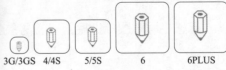

3G/3GS	4/4S	5/5S	6	6PLUS

图 6-17

2. APP Store 图标

APP Store 图标指上传至应用商店的应用图标，尺寸为 1024px×1024px。为了吸引用户可以增加更多的细节设计。但基于效率，一般要与 APP 图标的设计保持一致，如图 6-18 所示。

设计师入门充电站

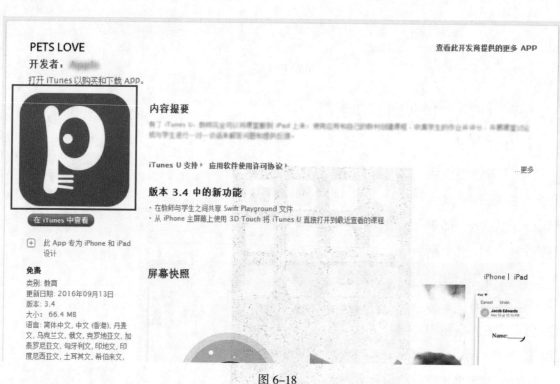

图 6-18

3. 标签栏导航图标

标签栏导航图标指底部标签导航栏上的图标，图标的尺寸为 50px×50px，如图 6-19 所示。

172

4. 导航栏图标

导航栏图标指分布导航栏上的功能图标，图标尺寸为 44px×44px，如图 6-20 所示。

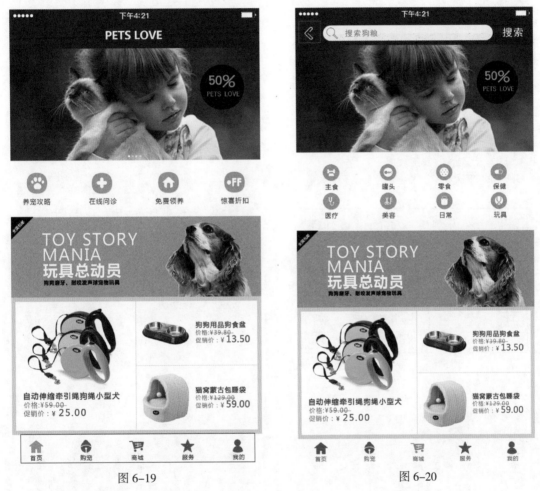

图 6-19   图 6-20

5. 工具栏图标

工具栏图标指底部工具栏上的功能图标，图标尺寸为 44px×44px，如图 6-21 所示。

6. 设置图标

设置图标指在列表式的表格视图中的功能图标，图标设计尺寸为 58px×58px，如图 6-22 所示。

第i现场

UI设计
跟我学

设计师入门充电站

图 6-21   图 6-22

7. Web Clip 图标

Web Clip 图标指为 Web 小程序或者网站而定制的图标。用户可以把它直接放在桌面上，可以单击图标直接访问网页内容，图标尺寸为 120px×120px，如图 6-23 所示。

图 6-23

图 6-24 为整理 iOS 系统中各个机型不同图标的尺寸参数。

单位：px

机型	iPhone & iPod-Touch 第一代、第二代、第三代	iPhone 4-4S	iPhone 5-5C-5S-6	iPhone 6 Plus
APP	57×57	114×114	120×120	180×180
APP Store	512×512	512×512	1024×1024	1024×1024
标签栏导航	25×25	50×50	50×50	75×75
导航栏 / 工具栏	22×22	44×44	44×44	66×66
设置 / 搜索	29×29	58×58	58×58	87×87
Web Clip	57×57	114×114	120×120	180×180

图 6-24

175

6.3.2 Android 图标规范

第i现场

UI设计
跟我学

设计师入门充电站

介绍完 iOS 系统图标设计规范后，再来看看 Android 系统的图标设计规范。

同一个 UI 元素（如尺寸为 100px×100px 的图标）在高 PPI 的屏幕上要比低的屏幕上看起来要小，如图 6-25 所示。

100px×100px

LDPI

100px×100px

MDPI

100px×100px

HDPI

图 6-25

为了让两个屏幕上的图片看起来效果差不多，可以采用以下两种方法：用程序将图片进行缩放，但是效果较差；为两个精度屏幕的手机各提供一张图片，但是工作量就多一倍。

不同于 iOS 系统手机的统一规格，Android 是一个开放的系统，各家手机公司都可以自定义 Android 系统，所以各种规格尺寸的屏幕层出不穷。由于参数多样化，如果为每一种 PPI 的屏幕都设计一套图标，工作量庞大并且不能满足程序的兼容性要求。

为了简化设计并且兼容更多的手机屏幕，Android 系统平台对屏幕进行了区分。按屏幕像素密度分为低密度屏幕（LDPI）、中密度屏幕（MDPI）、高密度屏幕（HDPI）、超高密度屏幕（XHDPI）和超超高密度屏幕（XXHDPI）。密度之间的关系为：3:4:6:8:12。使用这些比例，通过简单的计算，我们就可以适配出不同版本的位图，以供开发使用，如图 6-26 所示。

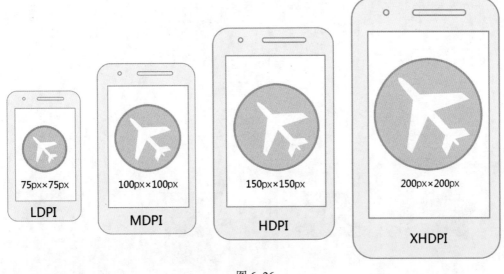

图 6-26

　　我们再看看图标的视觉统一，图标各有各的形状，如果每一个图标都定格边框设计，那么最终的图标看起来会大小不一。这是因为人眼有视觉误差，如圆形占的面积大，就会显得图标大。而长条形占的面积大，却会显得图标很小。为了让多样化的形状看起来协调统一，可以用双重边框法来统一图形的视觉大小。

　　如图 6-27 所示，最外边框是图标的实际大小，尺寸为 72px×72px，蓝色边框是图标的图形大小，比图标尺寸稍小，这个框叫做安全空间。如球形的图标可以占满外边框，而长条形的图标可以延伸至外边框。这样就保证了各种形状最终视觉大小是统一的。这是 Android 系统官方设计指导文档提出的概念，iOS 系统图标可以考虑用这种方法来统一图标的视觉大小。

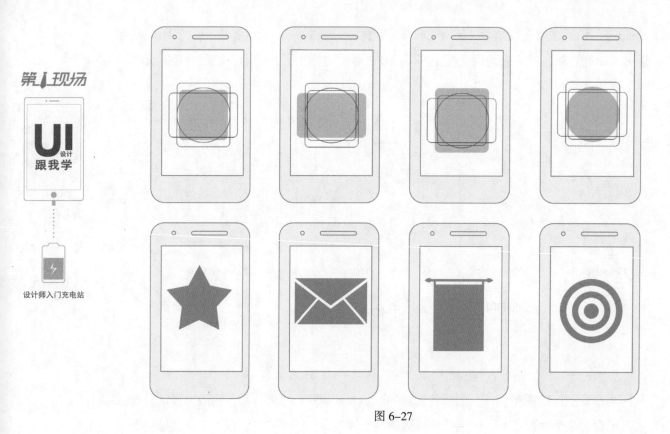

图 6–27

6.4 矢量图标的绘制方法

矢量图标的绘制基本方法主要是通过图形的布尔运算完成的，以 Photoshop 为例，布尔运算的工具选项如图 6-28 所示。

第1现场

UI设计
跟我学

设计师入门充电站

绘制方法如下：

（1）新建画布，再选择椭圆工具，按Shift键，在同一图层上创建两个图，如图6-29所示。

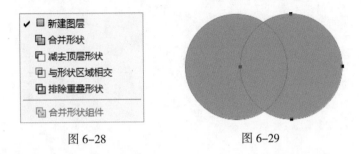

图 6-28　　　　　　　　　　图 6-29

（2）使用路径选择工具，在路径操作栏中执行减去顶层形状操作，如图6-30所示。

（3）使用路径选择工具，在路径操作栏中执行形状区域相交操作，如图6-31所示。

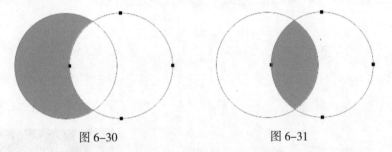

图 6-30　　　　　　　　　　图 6-31

（4）使用路径选择工具，在路径操作栏中执行排除重叠形状操作，如图6-32所示。

（5）使用路径选择工具，在路径操作栏中执行合并形状组件操作，如图6-33所示。

图 6-32　　　　　　　　　　图 6-33

179

通过图形的合并形状、减去顶层形状来制作图标，如图 6-34 所示。

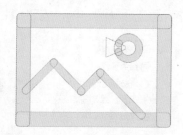

图 6-34

第i现场

UI设计
跟我学

设计师入门充电站

6.5 先画几个主要功能图标

（1）主要功能图标是以超椭圆图标形式出现的，图标是小动物爪印剪影图标，如图 6-35
所示，那么我们先绘制尺寸是 100px×100px 的画布，新建画布如图 6-36 所示。

图 6-35

图 6-36

（2）选择形状工具，再选择多边形工具，如图 6-37 所示。

图 6-37

（3）设置多边形填充颜色为 #0ed438，描边不填充，如图 6-38 所示。

图 6-38

（4）单击画布后会自动弹出"创建多边形"对话框，设置多边形图形"宽度"为 100px、"高度"为 100px，"边数"为 4，勾选"平滑拐角"，如图 6-39 所示。

图 6-39

这是绘制超椭圆的一种方法，当然还有很多种，这里我们选择 Photoshop 图形自带工具来完成。

（5）创建图形时可以发现图形是尖角朝上的，使用自由变形工具再按 Ctrl+T 快捷键旋转 45° △ 45，如图 6-40 所示。

（6）把画布放大到像素级别，可以在超椭圆图形中绘制宽度 26px、高度 26px 椭圆图形，如图 6-41 所示。

图 6-40

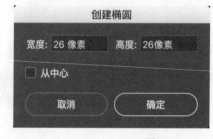

图 6-41

（7）使用路径选择工具 ，配合 Alt 键复制椭圆图形再向左横向移动 14px 得到一个图形，然后复制椭圆图形再向上纵向移动 7px 得到一个图形，使用图形布尔运算合并形状，这个小动物爪印剪影图标下部分绘制完成，如图 6-42 所示。

（8）剩下部分是绘制图标小动物爪印脚趾部分。首先使用超椭圆工具绘制宽 32px、高 32px 椭圆，然后使用路径选择工具和 Alt 键复制椭圆图形并横向向左移动 15px，如图 6-43 所示。

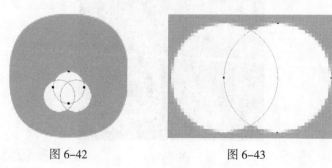
图 6-42　　　　　　　　　　　图 6-43

182

（9）使用图形布尔运算相交形状，得到的图形如图 6-44 所示。

（10）图 6-44 所示图形绘制完成后保留，然后使用超椭圆工具绘制宽 16px、高 16px
椭圆，然后再绘制宽 8px、高 8px 椭圆，使用布尔运算合并形状，此图形要多复制出一份，
留在后续使用，如图 6-45 所示。

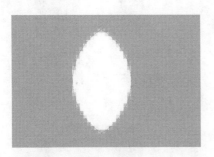 

图 6-44　　　　　　　　　　图 6-45

（11）通过前面图形与此图形进行相减得到如图 6-46 所示图形。

（12）绘制方形图形与下部分图形相交如图 6-47 所示。

 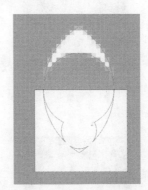

图 6-46　　　　　　　　　　图 6-47

（13）使用布尔运算相交获得新图形，如图 6-48 所示。

（14）将复制的图形（见图 6-45）与此图形（见图 6-48）使用布尔运算合并图形，
如图 6-49 所示。

第1现场

UI设计
跟我学

设计师入门充电站

图 6-48

图 6-49

（15）合并完成后把图形下顶点锚点删除，如图 6-50 所示。

（16）整理多余的锚点，如图 6-51 所示。

图 6-50

图 6-51

（17）通过使用自由变形工具，将图形旋转 10°，如图 6-52 所示。

这样一个爪印脚趾就绘制完成了，然后通过复制此图形并使用自由变形工具旋转 10°再缩小到 80%，如图 6-53 所示。

图 6-52

图 6-53

184

同理结合上面方法最终绘制完成，结果如图 6-54 所示。

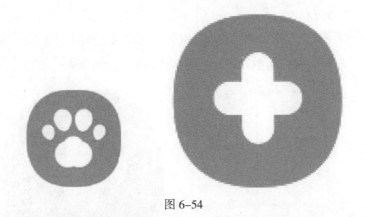

图 6-54

（18）上面绘制了一个养宠攻略主图标，现在绘制在线问诊主图标，这个图标相对而言绘制起来比较简单。首先选择圆角矩形工具，绘制宽 52px、高 20px、圆角半径 10px 的矩形，如图 6-55 所示。

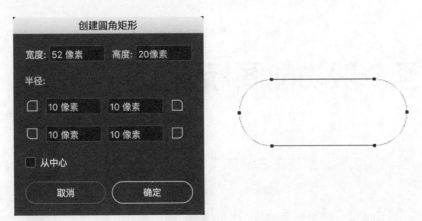

图 6-55

（19）为了避免半像素问题出现，所设定的宽度、高度值以及圆角半径值均为偶数值，这

185

点一定要注意。绘制完成后复制圆角矩形，然后使用自由变形工具旋转 90°，再使用对齐工具对齐，如图 6-56 所示。

（20）对齐后使用布尔运算合并完成图标绘制，再使用圆角矩形工具创建超椭圆图形，作为背景，"十"字图形在上面，居中对齐，从而完成在线问诊主图标，如图 6-57 所示。

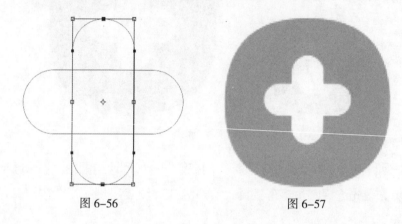

图 6-56　　　　　　　　　　　　　图 6-57

6.6 画一般功能图标

（1）现在绘制首页功能图标（见图 6-58），图标外边界尺寸为 75px×75px，如图 6-59 所示。

该尺寸是按 iPhone 6 标签栏图标规范标准参考制作的。

首页　　　　购宠　　　　商城　　　　服务　　　　我的

图 6-58

（2）使用多边形工具创建宽度为 75px、高度为 30px、边数为 3 的图形，如图 6-60 所示。

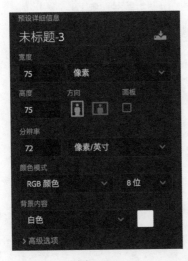

图 6-59

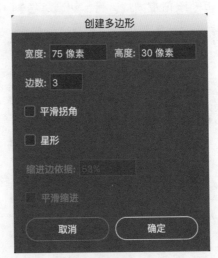

图 6-60

（3）通过辅助线把图形对齐，如图 6-61 所示。

（4）在这个多边形图形内部使用超椭圆工具绘制宽度 4px、高度 4px 的椭圆图形，再通过使用布尔运算合并形状，此椭圆放置到多边形图形左下角与两边相切，如图 6-62 所示。

第 i 现场

UI 设计
跟我学

设计师入门充电站

图 6-61

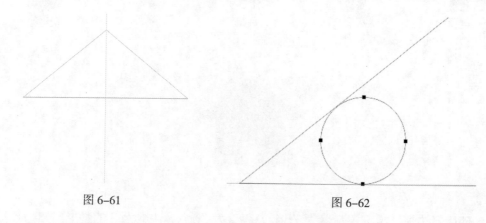

图 6-62

（5）使用超椭圆工具绘制宽度 8px、高度 8px 的椭圆图形，把这个椭圆穿过上次椭圆的相切部分，再使用布尔相减运算，然后再复制小圆到新的一层里复合两个图形，获得的图形如图 6-63 所示。

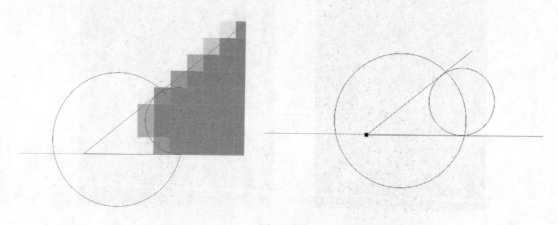

图 6-63

（6）其他两个角可以使用相同的方法获得，得到的图形如图 6-64 所示。

188

（7）图标上半部分绘制完成，下半部分使用圆角矩形工具绘制图形，宽度 19px，高度 30px，上边半径为 0px，下边半径为 2px，如图 6-65 所示。

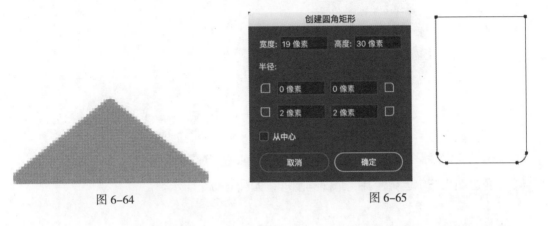

图 6-64

图 6-65

（8）绘制完成后复制圆角矩形，再使用布尔运算合并形状得到如图 6-66 所示图形。

（9）图标下半部分绘制完成，把上、下两部分合并即获得首页图标，如图 6-67 所示。

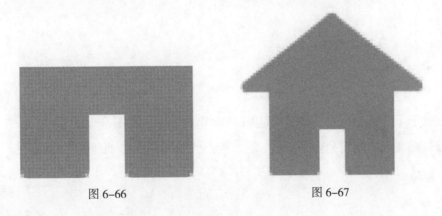

图 6-66

图 6-67

下面绘制购宠图标，效果如图 6-68 所示。

（1）首先绘制宽度 50px、高度 50px 椭圆形图形，如图 6-69 所示。

第1现场

UI
设计
跟我学

设计师入门充电站

图 6-68

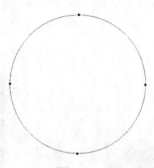

图 6-69

（2）再创建宽度 22px、高度 22px 椭圆图形，如图 6-70 所示。

（3）通过使用布尔运算合并两个椭圆图形，如图 6-71 所示。

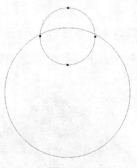

图 6-70

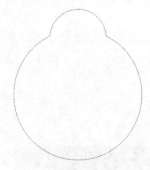

图 6-71

（4）在图形下方绘制宽度 80px、高度 80px 椭圆图形，如图 6-72 所示。

（5）在椭圆图形中绘制宽度 74px、高度 74px 的椭圆图形，如图 6-73 所示。

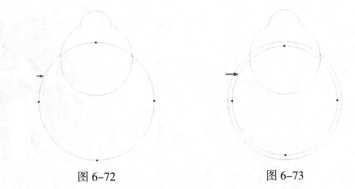

图 6-72   图 6-73

（6）通过使用布尔运算相减得到圆环图形，然后再使用布尔运算与下层图形相减，如图 6-74 所示。

（7）在新得到的图形中绘制宽度为 10px、高度为 10px 的椭圆图形，如图 6-75 所示。

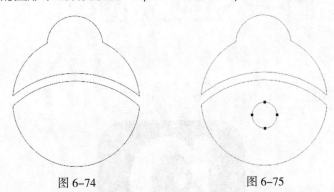

图 6-74   图 6-75

（8）在下方绘制宽度 4px、高度 16px 的矩形图形，如图 6-76 所示。

（9）两个图形使用布尔运算相减获得最终图形，如图 6-77 所示。

（10）为购宠图标添加颜色，结果如图 6-78 所示。

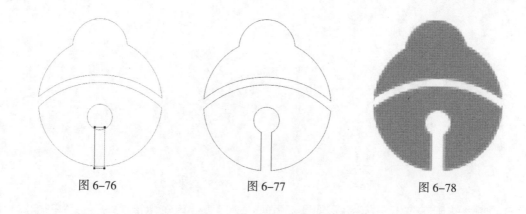

图 6–76 · · · · · · · · · · · · · · · · 图 6–77 · · · · · · · · · · · · · · · · 图 6–78

6.7 最后画一个主视觉图标

主视觉图标简洁明了，最终效果如图 6-79 所示。

图 6–79

（1）首先绘制圆角矩形宽度 48px、高度 300px、圆角半径为 24px 的矩形，如图 6-80 所示。

（2）在圆角矩形左侧中间边添加锚点，然后使用直接选择工具移动锚点到适当位置，如图6-81所示。

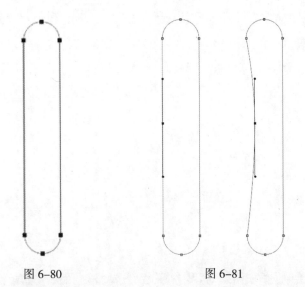

图 6-80　　　　　　　　　　　图 6-81

（3）绘制椭圆图形，宽度为184px、高度为220px，如图6-82所示。

（4）把圆角矩形和椭圆合并，得到的图形如图6-83所示。

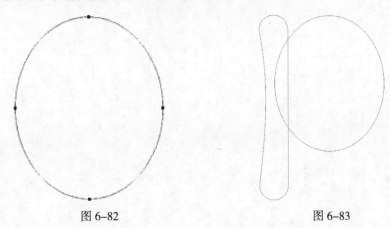

图 6-82　　　　　　　　　　　图 6-83

（5）在图形内部绘制椭圆图形，宽度为104px、高度为136px，然后使用布尔相减运算，如图6-84所示。

（6）剪切后在图形内部绘制椭圆图形，宽度36px、高度36px，然后使用布尔运算合并图形，如图6-85所示。

第ⅰ现场

UI
设计
跟我学

设计师入门充电站

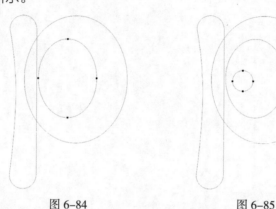

图 6–84　　　　　　　　　　　　图 6–85

（7）在图形下方绘制圆角矩形，宽度为56px、高度为8px，圆角半径左上为0px、右上为4px、左下为0px、右下为4px，然后将其放置到合适位置，如图6-86所示。

（8）分别复制圆角矩形三个，第三个圆角矩形使用自由变换工具旋转5°，最后把图形使用布尔运算合并，得到最终的图形，如图6-87所示。

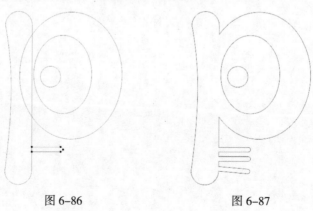

图 6–86　　　　　　　　　　　　图 6–87

（9）最后绘制圆角矩形并为其添加 #008927 颜色，得到最后的主视觉图标，如图 6-88
所示。

图 6-88

7.1 标注软件

设计师入门充电站

为了 APP 制作和后续开发的规范性，在 UI 设计完成后还必须使用标注软件进行尺寸、字号、颜色、元素块等方面的标注说明，目前使用比较广泛的标注软件有 PxCook 和 Markman。PxCook 和 Markman 图标如图 7-1 所示。

PxCook   Markman

图 7-1

PxCook（像素大厨）是一款切图设计工具软件。自 2.0.0 版本开始，支持 PSD 文件的文字、颜色，距离自动智能识别。PxCook 优点在于将标注、切图这两项设计完稿后集成在一个软件内完成，支持 Windows 和 Mac 双平台，其标注功能支持长度、颜色、区域、文字注释等标注。

Markman 是一款设计师在设计稿上添加和修改标注的软件。Markman 使用起来也非常简单，双击可以添加测量，单击可以改变横纵方向等功能，操作基本都是一键完成的。Markman 可以跨平台使用，减少了在不同平台使用产生的一系列问题。

当然还有很多 APP 标注软件，这里主要介绍这两款软件，该两款软件都有免费和付费两种使用功能，该两款软件各具特色，不分伯仲。

7.2 标注方法

7.2.1 图标的标注方法

在标注软件中基本都包括如下几项方法。

1. 尺寸标注

尺寸标注如题 7-2 所示。

2. 颜色标注

颜色标注如图 7-3 所示。

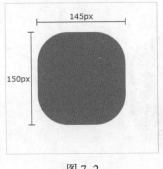

图 7-2

图 7-3

3. 坐标标注

坐标标注如图 7-4 所示。

4. 区域标注

区域标注如图 7-5 所示。

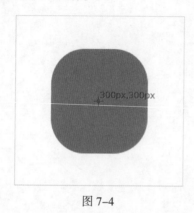

图 7-4

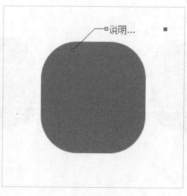

图 7-5

5. 文字标注

文字标注如图 7-6 所示。

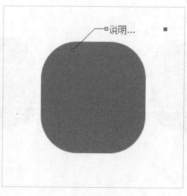

图 7-6

在设计 APP 项目过程中经常会使用到这些方法来标注图标。

7.2.2 界面的标注方法

作为 UI 设计师标注的最终的目的，是让下一步开发人员通过标注页面尺寸、颜色以及特别设计元素的说明等情况的标注图为参考标注，进一步进行代码操作。

下面我们使用 PxCook 像素大厨为例标注项目中的注册页面。

1. PS 和 Sketch 均支持

（1）PS

需要把 psd 文件拖曳到 PxCook 工具中，PxCook 将会在工具内解析 psd 文件。切图需要在 PS 中打开远程连接，通过 PxCook 的浮窗实现切图。

（2）Sketch

在 Sketch 中，首先要安装 PxCook 插件，单击"导出当前画板到 PxCook"后会自动启动 PxCook，并显示出 Sketch 中对应的画板内容，依旧在 PxCook 中标注。

2. 智能标注

无论是元素间，元素与边框间的距离标注，都只需要简单的拖、放，点、选就自动生成了。通过智能标注得到的所有标注信息，都会随着原始设计稿的变化而进行自动更新，省去了手动再调整一遍的成本。具体标注如下。

（1）间距标注，如图 7-7 所示。

（2）尺寸标注，如图 7-8 所示。

设计师入门充电站

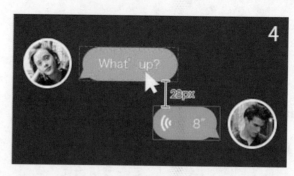

图 7-7

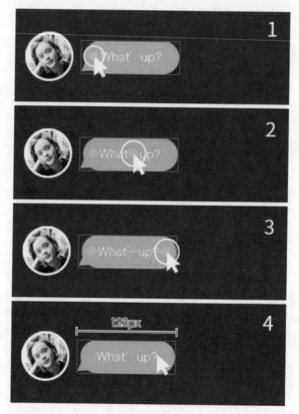

图 7-8

（3）内间距标注，如图 7-9 所示。

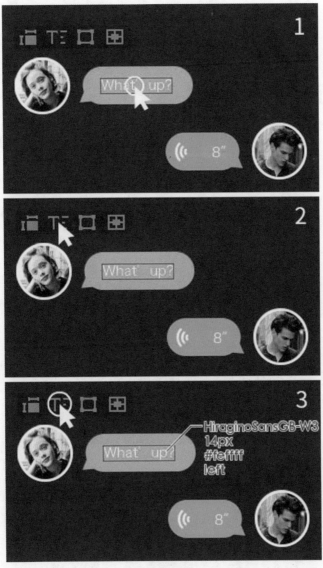

图 7-9

（4）文本样式标注，如图 7-10 所示。

设计师入门充电站

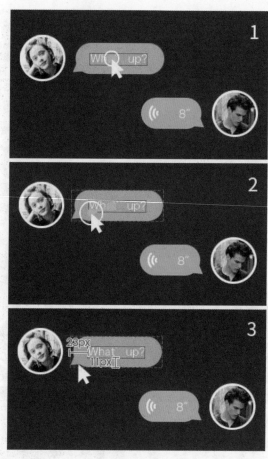

图 7-10

在 PS 中有些用户习惯对图层使用颜色叠加来修改文本颜色，甚至文本图层外还会套有颜色叠加的组。这些在 PxCook 中都不是问题，PxCook 可以通过各种嵌套和颜色叠加关系，将最终的文本颜色解析并标注出来。

（5）区域标注，如图 7-11 所示。

204

图 7-11

3. 单位转换

考虑到面向不同手机操作系统的设计师用到的单位不同，PxCook 可以自动切换单位，所有标注都轻松同步更换，如图 7-12 所示。

图 7-12

4. 数字手动更改

在保持真实尺寸不变的情况下，可改变显示的数值，以避免因为几像素的误差重新修改设计稿。

5. 切图功能

在 PxCook 中利用切图工具进行操作，如图 7-13 所示。

图 7-13

6. 自动备份

软件会对标注定时进行自动备份，以防止意外情况的发生。可通过设置面板查找备份的存档地址。

在本案例中使用布局标注和控件标注，在一些项目中直接把布局和控件混在一起标注，但如果在复杂的大型项目中，规范合理的制作会使接手的开发同事事半功倍，不会反复地找你核对标注的问题，自然相互之间的工作效率和结果是非常明显的，如图 7-14、图 7-15 所示。

图 7-14

图 7-15

09月12日
13:45 适配方法

08 快要收工啦

8.1 iOS 适配方法

第1现场

UI 设计
跟我学

设计师入门充电站

👁相关阅读

微信扫码阅读
iOS、Android
设计规范

（1）按照宽度 750px(iPhone) 来设计，除位图之外所有的设计元素用矢量路径来做。图片使用智能对象，方便放大和缩小。设计定稿后做标注，输出标注图。

（2）iOS 界面屏幕大小比较特殊。我们先看看它的屏幕设计基准，iOS 系统手机分辨率如表 8-1 所示。

表 8-1

设备	屏幕尺寸	像素倍率	物理分辨率	PPI
iPhone 6 Plus	3. 5	@3x	1080px × 1920px	401
iPhone 6	4. 0	@2x	750px × 1334px	326
iPhone 5 - 5C - 5S	4. 7	@2x	640px × 1136px	326
iPhone 4 - 4S	5. 5	@2x	640px × 960px	326

我们需要设计一套设计图，来适配各个屏幕的需求。我们选择 750px × 1334px(iPhone) 来设计，这样调整起来幅度不大。设计界面的时候，设计师需要考虑视觉比例，iOS 系统设备屏幕比例如图 8-1 所示。

210

640x960
@2x
iPhone4 - 4S

640x1136
@2x
iPhone5 - 5C - 5S

750x1334
@2x
iPhone6

1242 x 2208
@3x
iPhone6 plus

图 8-1

从图 8-1 中可以发现自动按宽度等比例适配各个屏幕，会显得比例不协调，下部的空白有的显得留白较多，有的显得局促。对于这些界面我们可以根据不同的屏幕重新设计，进行界面的调试。

（3）按照 750px×1334px 尺寸设计稿输出图标、按钮、控件等切图，同时等比例放大1.5 倍输出 @3x 的切图。@3x 切图的标注要和开发人员沟通好，是否需要按照调试好的页面标注，还是默认 @2x 放大 1. 5 倍。

8.2 Android 适配方法

（1）页面设计阶段，设计师要按照分辨率 720px×1280px 来做设计稿，除位图外所有

211

的设计元素用适量路径来做。图片使用智能对象，方便放大和缩小操作。确认不再修改之后在
720px×1280px 设计稿上做标注。输出标注图。

第1现场

UI 设计
跟我学

设计师入门充电站

（2）针对超高清屏幕 xxHDPI 的适配方法是把分辨率 720px×1280px 设计稿等比例放
大 1.5 倍，生成适用于 xxHDPI 的 @3x 切图。HDPI 的切图不用提供，由开发者测试系统
生成。然后进行切图，把页面使用到的元素图标、控件及图标剪切出来。单独存储为格式为
PNG 透明度的图片，注意命名规则。有经验的设计师一般采用英文起名字，便于大家沟通。
对于界面的图标、控件、按钮、图片等制作点九图，点九图是一种特殊格式的 PNG 图片。该
方法很简单，可在百度中搜索相关内容了解。

（3）最终我们基于 720px×1280px 设计稿输出 XHDPI 的 @2x 切图、放大后的
xxHDPI 的 @3x 切图及相应的点九图。标注时使用基于 XHDPI 做的标注。实际设计过程中
根据开发人员的要求提供最终效果。

8.3 切图

Step1：打开 psd 设计稿，选择任意一个图标的图层。

Step2：按 Ctrl 键，单击图层缩略图窗口，出现图标选区。

Step3：按 Ctrl+C 快捷键复制选区，按 Ctrl+N 快捷键新建一个新画布。

Step4：按 Ctrl+V 快捷键进行粘贴，删除背景图层，背景为透明底。

Step5：存储文件为 png 格式，然后按照开发人员要求提供 iOS 和 Android 系统的文件
和标注。

09月15日
16:55 上线测试

09 别以为上线就可以收工了

9.1 参与测试

设计师入门充电站

移动 APP 必须提供最佳用户体验，以及在不同尺寸和分辨率的各种智能手机和平板电脑上被正确显示，以确保完美无缺，研发同事会给我们一个测试版本，我们要对照设计稿挨个页面进行校对，把发现的视觉上的不一致地方记录下来，统一发给研发同事，直到最后上线的效果接近于设计稿。

9.2 做一个高逼格项目包装

一些有经验的设计师都知道，最后都要有个工作总结，把自己的设计文件，从草稿到电脑设计稿都保存下来，然后把自己的设计思路通过 PPT 的形式做总结并存档，如果有需要或者有机会向其他同事、其他部门展示的时候可以用来演讲。

9.3 别忘记文件存档

随时保持异地备份的习惯，很多设计师都有过文件忘记备份，突然遇到硬盘或者移动硬盘出问题导致文件损坏的情况。我们常用的方法是再准备一块移动硬盘把文件复制进去，或者申请个云盘，把文件同步在云端。

9.4 留个证据

在工作过程中设计师要注意将在沟通和对接过程中的证据进行保留，最常见的方式是通过邮件的形式发送和信息传递，包括设计风格的确认等，让对方通过邮件的形式确认你的设计稿，保证别在出现问题的时候被推卸责任。

9.5 版本号

版本号也是一种工作技巧，在设计稿上找个空白区域单独写上版本号，修改更新一次就升级下版本号，如 1.0、1.01、1.02 等。这块没有固定的方式，可以根据自己的习惯备注。备注版本号的好处是一是看着很专业，二是可以直观地看到工作量，如一个页面反复修改了 N 次，也是对工作量的一个有力的说明。

9.6 H5 设计

设计师入门充电站

很多人对 H5 的理解都停留在用户层面，邀请函、小游戏、品牌展示、抽奖等。其实如果上升到营销层面的话，仅在用户层面去思考是远远不够的，因为任何传播都要考虑有效性问题。如果 100w pv 带来的只是刷屏效果，而对品牌带不来任何有效转化。随着微信用户的增多，出现了许多 H5 小游戏、H5 大翻页，到 H5 站点、H5 营销。微信内容的数量和样式的逐渐增多，对 H5 的设计要求也越来越高，在项目上线后，需要很多种运营的方式，都需要 H5 的传播，所以上线后的一定工作量是设计运营相关的物料。

9.7 引导消费的专题页

相关阅读

微信扫码阅读
H5 设计的
发展趋势

专题页面时效性有限（大多专题是有推广及活动时间限制的，过了这个时间，就很少会有人再访问该页面），其内容多为活动推广和吸引用户等内容，能在限定时间的吸引最多用户才能形成有力的推广，需要强有力的视觉效果和有趣的浏览体验。但专题页在规范和布局甚至交互上可以适当放宽要求。

9.8 线下活动物料

　　名片、单页、三折页、信封、包装袋等设计，有时候也都需要我们 UI 设计师完成，所以 UI 设计师也要掌握一些平面设计的技术。

09月30日
20:48 成长之路

10 我的学习与成长

10.1 我是怎么学习的

设计师入门充电站

1. 一定要懂用户体验

在面试时，你自己就是产品，面试方就是用户。作为 UI 设计师要考虑的是，怎样最快最好地把自己的产品展示给用户。要意识到用户就在身边，随时关注用户对你设计和产品的看法。作品虽然 PC 端也可以看，但用手机直接给考官看，用户体验会更好。

作为一名 UI 设计师，要把自己的作品放在手机上，这也是一种职业素养的体现。无论是上线产品还是单图，无论其设计优劣，关键在于有或没有。没有这个意识，有的企业会直接cut 掉，从简单的面试我们看到作为 UI 设计师一定要懂得用户体验，否则会与你想象的适得其反。

2. 做好充足准备

作为一名 UI 设计师，在做一款 APP 时要做很多课前功课，比如要明确客户的需求、市场的流行趋势、产品理念等与此款软件相关联的一切知识体系，才能做出让使用者满意的产品。

3. 学习不能停

不停学习是推动设计师进步的动力。UI 设计师比平面设计师需要关注的知识面更多，涉及生活、哲学、人生道理设计，并从各个方面来获取设计灵感。

例如，有些企业会问你"最近在看什么书"，这里的书并不限于专业书籍。喜欢看书有利于培养设计师的想象力，培养设计师对生活的观察、理解和思维能力，对社会、人性的理解促进设计师完善用户体验。这种设计师自带火花，只要添一把柴火，就能烧得很旺。

4. 勇于承认错误

有些企业招聘方会刻意提尖锐问题，例如指出你作品的瑕疵、设计上的失误，他们的真实意图是考察你能否承认错误、承担责任。面对不足，部分面试者想方设法为自己辩解，甚至找借口推脱，推到老板、产品经理身上。招聘方认为，这样的人是没有责任心的，工作进度也必将很慢，对公司来讲，犯错不要紧，要紧的是对待错误的态度。

5. 具备分享意识

企业倾向于选择具有分享意识的设计师。一般来说，愿意分享 idea 的设计师，既有利于个人成长，也有利于团队建设。

举个例子：面试官问你"中午都怎么吃饭？"，就是在考察你的分享意识。愿意和大家一起吃饭、为大家订餐、共享美食的人，是企业更喜欢的类型。

6. 设计能力

考察设计能力是基本，但我们把它放在次要位置上。在一部分企业 HR 眼里，与其他素质相比，设计能力甚至可以算得上最不重要的。他们认为设计能力是可以培养的，短期内就能达到一个小高度。在招聘历程中，已经有不少 UI 设计师埋在了这些"坑"里，而真正优秀的求职者可以坦然自如，对他们来说，这些是已经装备在身，可信手拈来的素养。无论是设计能力，还是个人设计素养，都是必不可少的。

7. 能说会道

能表达自己，能表述需求，能沟通项目与创意是作为一个企业人都应该具备的能力，但作为设计人员或开发人员，往往很容易忽视。觉得我只是动手无须动嘴，其实不然，有的时候甚至一个清晰的表述，能使你事半功倍地完成自己的工作，否则因为自己表述得不清楚，使本是辛辛苦苦完成的工作不能得到认可，岂不是得不偿失。

8. UI 设计师不是艺术家

第1现场

设计师入门充电站

在成为一名 UI 设计师之前要先明确，UI 设计师是一个技术岗位而非艺术岗位。为什么这样说呢？一名 UI 设计师的能力素质不仅仅停留在视觉设计方面，这只是基础，最终我们要做的是一件产品。产品最终的使用者是用户，必须以产品的角度去设计，明确工作方向。UI 设计师的沟通、理解、撰写方面也是必不可少的能力，同时要有心理学方面的知识储备，以及高层次的审美能力、逻辑能力等多方面的知识，UI 设计师其实是一个要求综合能力的工作岗位。

10.2 UI 设计必备利器

10.2.1 软实力

1. 审美能力

UI设计师的主要工作就是视觉定位以及创作。如果UI设计师不具备过硬的图形创作能力，根本无法表达他心目中的美，也就无从谈起"交流"了。图形设计能力，是每一名 UI 设计师最初具备的，最基础的能力，也是最能够衡量一名 UI 设计师能力水平的部分。

2. 计算机使用

随着 UI 技术的更新与发展，使用计算机辅助设计已经是现在设计师必不可少的技能，所以从计算机基础操作到复杂软件的使用，都要求设计师们在充分表达自己创意的同时，能够不断地学习和使用最新计算机制作的方法，从而通过计算机表达设计师的创意和创造受大众欢迎的产品。

3. 文档撰写能力

如果说 UI 是人与机器交互的桥梁和纽带，那么 UI 设计师就是软件设计开发人员和最终用户之间交互的桥梁和纽带。如果 UI 设计师不能具备很好的沟通和理解能力，不能撰写出优秀的指导性原则和规范，那么，他将无法体现出自己对于开发人员和客户的双重价值，也无法完成他的本职工作。

10.2.2 硬实力

1. PS

Adobe Photoshop，简称"PS"，是由 Adobe 公司开发和发行的图像处理软件。

Photoshop 主要处理以像素为单位所构成的数字图像。使用众多的编修与绘图工具，可以有效地进行图片编辑工作。PS 有很多功能，在图像、图形、文字、视频、出版等各方面都有涉及，在 UI 设计领域方面是不可或缺的神器。

2. AI

Adobe Illustrator 是一种应用于出版、多媒体和在线图像的工业标准矢量插画的软件。作为一款非常好的图片处理工具，Adobe Illustrator 广泛应用于印刷出版、海报书籍排版、专业插画、多媒体图像处理和互联网页面的制作等，也可以为线稿提供较高的精度和控制，适合生产任何小型设计到大型的复杂项目。

3. AE

Adobe After Effects，简称"AE"，是 Adobe 公司推出的一款图形视频处理软件，适用于从事设计和视频特技的机构，包括电视台、动画制作公司、个人后期制作工作室以及多媒体工作室，属于层类型后期制作软件。

Adobe After Effects 软件可以高效且精确地创建无数种引人注目的动态图形和震撼人心的视觉效果。利用与其他 Adobe 软件无与伦比的紧密集成和高度灵活的 2D 与 3D 合成，以及数百种预设的效果和动画，目前在 UI 设计领域制作高保真原型动态演示效果，得到很多 UI 设计师的青睐。

4. Axure RP

Axure RP 是一个专业的快速原型设计工具。Axure（发音：Ack-sure），代表美国 Axure 公司；RP 则是 Rapid Prototyping（快速原型）的缩写。

Axure RP 是美国 Axure Software Solution 公司旗舰产品，是一个专业的快速原型设计工具，让负责定义需求和规格、设计功能和界面的专家能够快速创建应用软件或 Web 网站的线框图、流程图、原型和规格说明文档。作为专业的原型设计工具，它能快速、高效地创建原型，同时支持多人协作设计和版本控制管理。

Axure RP 已被一些大公司采用。Axure RP 的使用者主要包括商业分析师、信息架构师、可用性专家、产品经理、IT 咨询师、用户体验设计师、交互设计师、界面设计师等，另外，架构师、程序开发工程师也在使用 Axure RP。

5. Markman

Markman 是既有爱又给力的长度标注神器，Markman 使用起来也是非常简单的。双击可以添加测量，单击可以改变横纵方向等功能，基本都是一键完成的。Markman 基于 air 平台，需要先安装 Adobe Air 了。该软件功能特色有：

➤ **标记长度**。可以横向、垂直标记和测量元素的长度。按住 **Tab** 键时还能自动探测元素的边缘，并自动调整自身长度。

➤ **标记颜色**。自动读取标记所指的元素的色值。可以任选 **RGB/HEX** 的表示方式。

➤ **标记坐标、矩形**。可以用来标记某个点的位置。将准心中间的原点拖出来以后，就能同时标记坐标和长宽。

➤ **标记文字内容**。如果前面 3 种标记还不能满足需求，就直接用文字来说明吧。

➤ **支持多种图片格式**。JPG/PNG/BMP 什么的都不在话下，关键是还支持 PSD 哦！

➤ **自动读取原图更新**。如果打开的图片被修改了，Markman 就会自动载入修改后的图。这样就能左手编辑 PSD，右手用 Markman 添加标记。

6. Sketch

Sketch 是一款适用于所有设计师的矢量绘图应用。矢量绘图也是目前进行网页、图标以及界面设计的最好方式。但除了矢量编辑的功能之外，该软件同样添加了一些基本的位图工具，比如模糊和色彩校正。Sketch 容易理解并上手简单，有经验的设计师花上几个小时便能将自己的设计技巧在 Sketch 中运用自如，目前 Sketch 还只存在 mac 平台，还没有 PC 或其他平台。

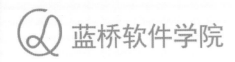 蓝桥软件学院

IT培训的"国家队"

政府项目，工业和信息化部人才交流中心主办

工信部人才交流中心是工信部的人才培养支撑机构，拥有30多年的IT人才培养经验，2014年，经科学论证和认真筹备，决定正式启动"蓝桥"项目，倾全力打造最顶级的IT教育平台。我们为广大学员提供权威和有保障的IT技术及就业培训，助力高校应用型教育改革，为企业输送高端人才。

政府背景，可靠可信

一线专家，技术前沿

软硬结合，行业领先

实战落地，多维提升

就业通道，保驾护航

职场修炼，道德提升

UI设计师课程　　产品设计课程　　产品经理课程　　产品运营课程　　JAVA工程师课程

蓝桥杯全国软件和信息技术专业人才大赛

蓝桥杯大赛邀请你
来一起改变这世界